NOTICE

SUR

LES DISTILLERIES AGRICOLES

DE BETTERAVES ET AUTRES PLANTES.

NOTICE

SUR

LES DISTILLERIES AGRICOLES

DE BETTERAVES ET AUTRES PLANTES,

SYSTÈME CHAMPONNOIS.

Les distilleries ne donnent jamais autant de profits que lorsqu'elles peuvent être réunies à une exploitation rurale. Ce sera surtout le cas, si, pour cette fabrication, on choisit, non les grains, qui peuvent facilement être transportés, mais plutôt les récoltes *racines*, qu'on peut se procurer en si grande quantité. Alors nul établissement dans les villes ne pourra soutenir la concurrence de ceux de la campagne, à cause du bas prix auquel ceux-ci obtiennent la matière première, et de l'emploi avantageux qu'ils peuvent faire de son résidu.

(THAER, *Principes raisonnés d'agriculture*, tome I, § 291.)

Tant que les choses seront en France et en Europe sur le pied actuel, il convient au cultivateur d'être producteur de ses engrais.

(DE GASPARIN, *Cours d'agriculture*, tome I, p. 719.)

Je crois que, lorsque cette question sera examinée, la préférence qui a été donnée à la pomme de terre pour la préparation de l'eau-de-vie sera dévolue à la betterave traitée par le procédé de macération, et il est vraisemblable que, de toutes les substances dont on peut extraire l'alcool, on trouvera que c'est la betterave qui peut le donner au prix le plus bas au moyen de ce procédé.

(DE DOMBASLE, *Bulletin du procédé de macération, pour l'extraction de la matière sucrée de la betterave*, 2e cahier, 1834.)

PARIS,

IMPRIMERIE ET LIBRAIRIE D'AGRICULTURE ET D'HORTICULTURE

DE Mme Ve BOUCHARD-HUZARD,

RUE DE L'ÉPERON, 5.

1854

NOTICE

SUR

LES DISTILLERIES AGRICOLES

DE BETTERAVES ET AUTRES PLANTES.

SYSTÈME CHAMPONNOIS.

Le procédé d'extraction de l'alcool de la betterave, dont nous sommes inventeur, a donné lieu, dans le cours de cette année, et dans la plupart des journaux ou recueils agricoles, à des citations ou à des comptes rendus favorables en général, mais dont plusieurs, cependant, laissaient paraître une hostilité assez peu dissimulée.

Au lieu d'engager, dès lors, une polémique qui n'aurait pu porter la conviction dans les esprits, tant qu'elle n'eût roulé que sur des discussions théoriques, nous avons préféré poursuivre en silence nos travaux, et attendre que l'expérience, cette démonstration des démonstrations, comme l'appelle Bacon, fût venue nous prêter l'appui de son incontestable autorité.

Aujourd'hui les faits ont parlé : trois distilleries

établies sous notre direction ont fonctionné en grand dans des localités et des conditions différentes, et toutes trois ont donné des résultats qui ne laissent plus aucun doute sur les avantages de notre système, et qui répondent d'une manière victorieuse aux assertions hasardées ou hostiles qui ont pu être produites.

Avant d'entrer dans les considérations diverses qui constituent notre procédé et le distinguent de tous ceux jusqu'à présent en usage, et qui doivent déterminer les agriculteurs à lui donner la préférence, nous commencerons par présenter un résumé de nos opérations, résumé basé sur des données non pas arbitraires, mais officielles, et qui émanent de sociétés savantes, tant de France que de l'étranger, et dont l'une, la Société impériale et centrale d'agriculture de Paris, vient de nous accorder récemment, par une médaille d'or, un témoignage éclatant de son approbation.

DISTILLERIE DE MM. HUOT.

La première de nos distilleries a été montée à la Planche, près de Troyes (Aube), dans une ferme appartenant à MM. Huot, qui, après avoir connu nos résultats antérieurs, n'ont pas craint de faire, les premiers, les dépenses nécessaires pour appliquer notre procédé sur une plus grande échelle.

Cet établissement a commencé à fonctionner le 8 janvier 1854, et, peu de temps après, M. Pommier, rédacteur en chef de l'*Écho agricole*, qui en homme sage n'avait accueilli notre invention qu'avec réserve et dans son N° du 15 juin 1853 avait conseillé aux cultivateurs de *ne pas prendre au pied de la lettre les calculs de notre fabrication*, voulut se convaincre, par lui-même, de l'exactitude de ces calculs, et se rendit à la Planche, où il acquit la conviction que nos évaluations de l'année précédente étaient parfaitement exactes, et que nous n'avions rien exagéré.

Sur sa demande, la Société centrale d'agriculture nomma une commission composée de M. Payen, son secrétaire perpétuel, de M. Boussingault et de M. Pommier, à l'effet de suivre les opérations de la Planche et de lui en faire son rapport.

Nous croyons utile de publier ce rapport, qui résume avec netteté et précision, les détails de notre procédé.

SOCIÉTÉ IMPÉRIALE ET CENTRALE D'AGRICULTURE. — SÉANCE DU 8 MARS 1854.

Rapport de la commission nommée pour visiter l'usine de MM. Huot, *de Troyes.*

« Messieurs,

« Vous nous avez chargés, MM. Boussingault, Pommier et moi, d'aller examiner, dans la ferme de MM. Huot, près de Troyes, département de l'Aube, l'application du procédé de M. Champonnois pour la distillation des betteraves, nous venons vous rendre compte de la mission que vous nous avez confiée.

« M. Champonnois s'est proposé de rendre facilemen

applicable aux besoins des petites et grandes exploitations agricoles la distillation des betteraves.

« Il fallait rendre cette opération aussi facile et aussi simple que la distillation des céréales et des pommes de terre, en évitant les chances des mauvaises fermentations, visqueuses ou acides, et les inconvénients de la distillation des matières pâteuses, tout en réservant pour la nourriture du bétail les substances alimentaires de la betterave, autres que le sucre.

« Les moyens que M. Champonnois a mis en usage pour atteindre ce but reposent principalement sur deux idées heureuses : 1° extraire des betteraves découpées en menue cossette le jus sucré qu'elles contiennent, en le déplaçant par macération et endosmose *à l'aide de la vinasse d'une opération précédente*, afin de rendre à la cossette les principes immédiats organiques et inorganiques non enlevés par la fermentation et la distillation, c'est-à-dire toutes les substances plus ou moins modifiées autres que le sucre; 2° assurer la marche régulière de la fermentation alcoolique, sans consommation habituelle de levûre, en faisant agir d'une façon continue une grande masse de levain, formé du liquide vineux lui-même, sur de faibles quantités de jus sucré s'écoulant en un mince filet dans les cuves, pendant plusieurs heures.

« Deux de vos commissaires ont pu vérifier le succès remarquable de ces dispositions nouvelles et apprécier les utiles conséquences qui doivent en résulter pour la production de l'alcool dans les circonstances qui certainement n'eussent pas permis d'extraire, avec profit, le sucre de la plante.

« En effet, les betteraves employées étaient de la variété *disette*, rose et blanche, atteintes d'altérations tellement fortes que toutes les racines, à très-peu près, présentaient des portions de leur tissu en proie à la putréfaction.

« Trois femmes étaient occupées à retrancher, à l'aide de couteaux, ces parties brunes, molles, désagrégées, et l'on conçoit aisément qu'il était impossible d'extraire complétement ces portions pourries dans les 2,250 kilog., ainsi nettoyés journellement.

« Cependant toutes les opérations que nous avons vues en train et suivies durant sept heures consécutives offraient une marche régulière très-satisfaisante. L'habile directeur de l'exploitation rurale, M. Huot, et son frère, directeur d'une grande filature de Troyes, tous deux ingénieurs, sortis de l'école centrale des arts et manufactures, nous ont communiqué les relevés des opérations précédentes constatant d'aussi bons résultats.

« Voici comment les moyens de M. Champonnois ont été réalisés dans cette usine annexe de la ferme.

« Les betteraves nettoyées sont portées au coupe-racine, où la force de deux hommes suffit pour réduire en vingt-cinq minutes 250 kilog. de betteraves en cossettes, ayant 5 centimètres de largeur, sur 3 d'épaisseur et une longueur variable.

« Toutes les heures une même opération se répète et fournit, chaque fois, les 250 kilog, de cossettes, charge d'un cuvier de la contenance de 550 litres; en neuf heures les 2,250 kilog. sont traités chaque jour.

« On épuise successivement les trois charges semblables mises dans trois cuviers contigus, en versant dans le premier cuvier, dès qu'il est chargé, 200 kilog. de vinasse bouillante provenant de l'alambic (1). Au bout d'une heure, le deuxième cuvier ayant reçu la deuxième charge de cossettes, on verse sur le premier deux fois 200 litres de vinasse qui déplace le liquide sous-jacent et le fait passer de la partie inférieure du premier cuvier sous le faux fond percé de trous à la partie supérieure du deuxième cuvier, où le jus liquide se charge d'une plus forte quantité de sucre ou de jus sucré.

« Un semblable versement de vinasse sur le premier cuvier fait passer le liquide du premier dans le deuxième, et de celui-ci dans le troisième qui l'envoie à la cuve de fermentation.

« On laisse alors écouler la vinasse en excès du premier cuvier dans un récipient d'où on la reprendra, afin de la réchauffer et de s'en servir pour continuer la série des macérations et lavages méthodiques.

« La cossette épuisée contenue dans le premier cuvier étant égouttée, on la retire à l'aide d'une fourche double articulée, puis on la porte à la ferme, où elle est aussitôt mélangée avec trois fois son volume de fourrage sec haché, dans une cuve de la contenance de 3 mètres cubes égale au volume total du mélange confectionné en un jour.

« Le premier cuvier vide est rempli de cossette neuve, et il devient, à son tour, le troisième ou le dernier de

(1) Les premières opérations se font avec un égal volume d'eau bouillante jusqu'à ce que l'on ait obtenu de la vinasse

la série, c'est-à-dire que le deuxième, recevant une charge de vinasse de 200 litres, envoie le jus déplacé dans le suivant, qui lui-même se charge de son trop-plein dans le premier de la précédente série et le troisième de celle-ci qu'on vient de remplir de betteraves neuves, et qui, à son tour, fournira le jus envoyé à la cuve de fermentation.

« On voit que, toutes les heures, on envoie 250 litres de jus sucré à la fermentation, et environ 225 kilog de cossettes chargées de vinasse à la ferme.

« Quant à la fermentation, voici comment elle s'effectue : la cuve, de la contenance de 2,500 litres, qui reçoit le jus, s'emplit dans le cours de la journée ; on y a délayé, dès le commencement, 4 kilog. de levûre seulement pour cette première opération.

« On laisse fermenter ainsi pendant vingt-quatre heures. Alors cette cuvée est partagée en deux; de sorte que deux cuves semblables se trouvent, chacune, à demi pleines. Les opérations de la veille se renouvellent : on fait arriver le produit en jus sucré de chaque macération dans les deux cuves par égales portions ; le liquide qui s'y introduit ainsi en petites quantités fermente à mesure qu'il arrive, et l'on voit une ébullition régulière manifester le dégagement continu de l'acide carbonique toute la journée. Le soir, les deux cuves se trouvent remplies ou contiennent, chacune, 2,250 litres.

« Le lendemain matin, on partage une de ces deux cuvées entre deux cuves qui sont, dès lors, chacune, à demi pleines ; la cuve restée pleine est laissée refroidir vingt-quatre heures, au bout desquelles on commence à distiller le liquide vineux qu'elle contient, et en même temps des deux cuves remplies la veille on en laisse refroidir une pour la distiller le jour suivant, tandis que l'autre est partagée avec une quatrième cuve vide, pour continuer à verser dans deux demi-cuvées le jus sucré de la macération.

« Quatre cuves semblables suffisent donc pour entretenir continuellement la série des fermentations; celles-ci se font en quarante-huit heures, et s'achèvent pendant le refroidissement qui dure vingt-quatre heures.

« M. Champonnois a voulu réduire toute la main-d'œuvre aux travaux de la journée, afin d'éviter les inconvénients du travail de nuit, surtout dans les fermes. Il recommande de nettoyer tous les cuviers de macération à la fin de chaque journée, et de réserver la vinasse mêlée de jus soutiré du dernier cuvier, pour recommencer la macération du lendemain.

« Il recommande également de ne laisser aucun levain dans la cuve à fermentation vidée et de la nettoyer complétement et avec le plus grand soin. Après avoir enlevé la portion de matière précipitée chaque soir, on trouve, en effet, au fond des cuves, 20 à 30 litres d'un dépôt demi-fluide de levûre, que l'on verse dans la deuxième chaudière de l'alambic, afin d'éviter d'engorger les tubes et plateaux des colonnes distillatoires.

« Ce liquide trouble suit les opérations de macération; il passe dans la première chaudière, où il subit une nouvelle ébullition; puis la vinasse qui en provient se clarifie spontanément en filtrant sur les cossettes, qu'elle laisse chargées du dépôt de cette sorte de levûre riche en matières azotées et grasses.

« Quant à la distillation, elle s'effectue, comme à l'ordinaire, dans un appareil Derosne. On se contente de recueillir l'alcool de 49 à 50 degrés sans le rectifier, et on le rend en cet état, soit pour la consommation directe, soit pour la fabrication du vinaigre, ou pour être rectifié dans des établissements spéciaux.

« Le produit est de 180 litres par jour, représentant aujourd'hui une valeur de 135 fr., qui constitue presque un bénéfice net. Si l'on considère l'utilité de l'application des résidus à la nourriture du bétail, il est du moins très-probable, comme le pensent MM. Champonnois et Huot, que, lors même que l'on ne pourrait vendre l'alcool qu'au tiers de ce prix, c'est-à-dire 25 fr. les 100 litres marquant 50 degrés, il resterait encore un bénéfice très-notable et de nature à payer la dépense et laisser la cossette gratuitement obtenue.

« On peut comprendre l'avantage de tels résultats en considérant qu'aujourd'hui, dans un assez grand nombre de fermes, on dépense presque autant pour râper ou faire cuire les betteraves, les mélanger avec trois fois leur volume de fourrages hachés, et laisser fermenter durant quatre à cinq jours ces mélanges, afin de rendre plus facilement assimilables et plus profitables à la nutrition des animaux les fourrages secs qui ont subi cette fermentation. La principale différence, dans ce cas, est qu'on laisse perdre l'alcool, tandis que M. Champonnois le recueille avec un grand profit.

« Nous avons, d'ailleurs, été témoins de l'avidité avec

laquelle les animaux mangent la cossette mêlée de fourrages et abandonnée vingt-quatre à trente-six heures aux réactions spontanées dans les cuves couvertes.

« MM. Huot répartissent cette nourriture entre cinquante têtes de gros bétail (vaches, génisses, bœufs, taureaux) qui consomment, par jour et par animal, l'équivalent de 28 à 30 kilog. de cossettes et de 10 kilog. de fourrage coupé; le surplus, 750 à 800 kilog., mélangé également avec trois volumes de fourrage, s'emploie dans l'alimentation de cent cinquante moutons.

« Tous ces animaux sont en très-bon état; les vaches donnent plus de lait qu'avec la nourriture précédemment employée dans la ferme. On a remarqué que le beurre est sensiblement plus consistant et moins coloré.

« La nourriture est distribuée au gros bétail une fois le matin et une fois le soir; au milieu du jour, on donne à chacun environ un quart de botte de paille.

« Quelques personnes ont demandé si cette nouvelle méthode, introduite dans la ferme, serait plus ou moins avantageuse que la consommation directe de la pulpe provenant des sucreries.

« Nous ferons remarquer, à cette occasion, que la pulpe laissée, en moyenne, trois à quatre mois, quelquefois plus, dans les silos avant d'être distribuée, a toujours subi une certaine déperdition par la fermentation alcoolique et acide qui s'y succède; que si, d'ailleurs, on tient compte de l'eau employée sur la râpe et déplaçant une partie des parties solubles, il paraîtra évident que ce résidu représente au plus 1 kilog. 5 de matière nutritive pour 100 kilog. de betteraves employées, tandis que la cossette chargée de vinasse, retenant toutes les substances étrangères au sucre, représente, pour 100 kilog. des mêmes racines, au moins six de matières salines azotées et autres, c'est-à-dire quatre fois davantage.

« Vos commissaires pensent que le procédé de M. Champonnois offre d'excellentes conditions pour introduire la distillation des betteraves dans les exploitations rurales, en réservant les résidus de cette opération pour la nourriture des bestiaux. L'intérêt qui s'attache naturellement aux moyens nouveaux d'accroître les travaux intelligents et les profits dans les fermes, en y annexant des industries bien appropriées; l'opportunité même de cette innovation remarquable, dans les circonstances fâcheuses où se trouvent, depuis quelques années, vos cultures de pommes de terre et vos vignobles, nous engagent à vous proposer de donner votre approbation à l'intéressante communication de M. Champonnois, et de renvoyer ce rapport à la commission des prix et récompenses pour les améliorations agricoles. »

PAYEN, *rapporteur.*

Vers la même époque (premiers jours de mars 1854), la Société centrale d'agriculture de Belgique, voulant être parfaitement renseignée sur une question d'un si haut intérêt pour l'agriculture, chargea l'un de ses membres, M. Van den Broeck, ingénieur distingué et professeur de chimie à l'école des mines du Hainaut, d'aller aussi à la Planche, et de lui rendre compte de ce qu'il y avait vu.

Le rapport de M. Van den Broeck, publié dans le cahier des *Annales* de cette Société, mars 1854, page 87 et suivantes, entre dans des détails et des considérations que leur étendue ne nous permet pas de reproduire en entier; mais nous en extrairons quelques passages.

Voici le début de ce rapport, qui prouve que son auteur, loin d'être un enthousiaste exagéré, doit être considéré comme un appréciateur presque défiant, mais sincère (1).

« Vous vous souvenez, Messieurs, de la lecture qui « vous fut faite par l'honorable M. Bortier, du compte « rendu par un journal agricole français, touchant le « procédé employé aux environs de Troyes pour ex- « traire directement l'alcool de la betterave. Dans cet « article, rédigé par un homme d'un mérite incontes- « table et incontesté, il s'est glissé, à son insu, des er- « reurs de chiffres qui, en raison même de la bonne « foi avec laquelle elles ont été commises, ont dû con- « duire leur auteur à des appréciations inexactes. Je « viens de la Champagne, et c'est à M. Huot lui-même « que je dois de pouvoir essayer de fixer votre opinion

(1) Par une circonstance fortuite, M. Van den Broeck n'avait pu rencontrer M. Champonnois, qui était à Paris lorsque le premier vint à la Planche, et était reparti pour la Planche quand M. Van den Broeck, à son retour, vint à Paris le visiter à son domicile; ces messieurs n'ont donc pu faire connaissance que longtemps après la publication de ce rapport.

« à l'endroit d'un système de fabrication dont le « monde industriel retentit.

« Dans cet examen que je vais entreprendre, ainsi « que dans les conséquences auxquelles la discussion des « faits me conduira, je tâcherai d'éloigner toute idée « préconçue, pour me renfermer dans mon rôle de nar- « rateur fidèle et d'interprète consciencieux.

« Comme l'a très-bien dit le publiciste dont le rap- « port vous a été lu par M. Bortier, l'idée qui a pré- « sidé à l'érection de l'établissement fondé par M. Huot « n'a point été une idée industrielle, dans l'acception « générale du mot; ç'a été uniquement une tentative « inspirée par l'espoir d'un progrès agricole, *espoir « qui n'a point été déçu*, ainsi que j'espère vous le dé- « montrer, tout en dégageant le principe et ses consé- « quences de toute exagération et de tout nuage. »

Parlant ensuite de l'état de conservation dans lequel il a trouvé les betteraves traitées à la Planche, le rapporteur s'exprime ainsi : « Un point essentiel et qui do- « mine tout, en quelque sorte, c'est celui de la conser- « vation des racines après leur récolte; car, qu'on y « songe bien, pour la production de l'alcool, pres- « que autant que pour celle du sucre, ce qu'il faut cher- « cher à obtenir, c'est une conservation aussi complète « que possible : toute fermentation, toute végétation « ne s'effectuent qu'aux dépens des éléments saccha- « rins, c'est-à-dire de la production qui fait l'objet « même du travail. Or la betterave employée dans la « distillerie de M. Huot avait été exposée aux con- « ditions les moins avantageuses, et portait la trace

« visible des modifications les plus défavorables. »

Après avoir rendu compte du travail de la macération, M. Van den Broeck ajoute :

« A la macération succède la fermentation, et dans « le procédé dont j'expose les détails, qu'il me soit per- « mis de le dire, c'est la phase la plus intéressante et « la plus remarquable de la fabrication tout entière.

« L'opération s'effectue dans des cuves spéciales « ayant la forme d'un cône tronqué reposant sur sa « grande base.......: leurs dimensions correspondent à « une capacité moyenne de 25 hectol.; jamais cepen- « dant on n'y introduit plus de 22 hectol. 1/2. Cette « limite est déterminée, non par les exigences de la « fermentation, qui, sauf exceptions rares, se maintient « paisible, mais particulièrement parce que ce volume « de 22 hectol. 1/2 représente le produit liquide du « travail de 12 heures, celui qui résulte de l'épuise- « ment, dans cet intervalle, de 2,250 kilog. de bette- « raves; de cette façon, la besogne se règle, pour ainsi « dire, d'elle-même, et chaque jour on trouve prête à « passer à la distillation une cuve fermentée prove- « nant du jus de la veille.......

« Voyons, à présent, comment la fermentation s'éta- « blit, ou plutôt comment elle se continue, car elle « marche sans interruption. Chaque jour, je dois le ré- « péter, on traite 2,250 kilog. de betteraves, dont la « macération méthodique fournit 22 hectol. 1/2 de « jus. Or ce volume est précisément celui qui repré- « sente la capacité disponible d'une cuve à ferment. Au « premier abord, il semblerait donc que tout devrait se

« borner au remplissage de cette cuve; mais il n'en est « point ainsi, et par une modification très-simple on « satisfait à toutes les exigences de la situation. Au « commencement du travail, au premier jour de l'in- « dustrie nouvelle, on s'arrange pour remplir deux « cuves qu'on met en fermentation par un procédé « quelconque. Le lendemain, nécessairement on trouve « la fermentation terminée dans ces deux cuves; mais, « au lieu de les distiller toutes deux, on n'en distille « qu'une pendant la journée, et l'on transvase, dès le « matin, dans une cuve voisine, *la moitié du contenu « de l'autre.* On a ainsi, par le fait de cette division, « deux cuves à moitié pleines, et ce sont ces deux demi- « cuves qu'on remplit journalièrement, en partageant « entre elles les 22 hectol. 1/2 de jus résultant du tra- « vail de douze heures.

« Quant au motif de ce partage, c'est simple et pé- « remptoire. On sait que, pendant la fermentation al- « coolique, il se produit, et c'est là le phénomène le « plus caractéristique de ce genre de transformation, « une certaine quantité de ferment, c'est-à-dire d'une « matière organique et organisée, susceptible d'entrai- « ner à la fermentation une nouvelle masse de liquide « sucré. Eh bien! grâce à cette production, chaque « demi-cuve renferme assez de ferment pour mettre en « fermentation les 11 hectol. 1/4 de jus qui doivent la « remplir et qui, par portions successives, y arrivent « pendant la journée. Tous les soirs, on a donc deux « cuves pleines, qui achèvent, durant la nuit, la fer- « mentation commencée pendant le travail, et tous les

« jours, de ces deux cuves fermentées, *on distille l'une* « *et on partage l'autre.* Cette manœuvre se renouvelle « indéfiniment, car, en s'y prenant de cette manière, « l'opération marche véritablement *d'une façon remar-* « *quable.*

« Les premières parties de jus sucré qui marquent « 5° 1/2 à l'aréomètre de Baumé entrent dans la cuve « à moitié pleine de liquide déjà fermenté, et, sous l'in- « fluence du ferment qui s'y trouve, fermentent elles- « mêmes au bout de quelque temps, temps variable, « d'ailleurs, selon la température de l'atelier et celle du « liquide affluent.

« Puisque je parle ici de certaines conditions de cha- « leur, autant les exposer maintenant, pour n'y plus « revenir; elles ont, du reste, une importance qu'on ne « saurait méconnaître, pour peu qu'on se soit occupé « de fermentation. Je ne ferai que mentionner une cir- « constance qui n'est pas nouvelle, mais qui est assez « curieuse, c'est l'échange de température qui s'effec- « tue entre le liquide macérant et la matière macérée. « Lorsqu'on fait arriver ce liquide bouillant sur des ra- « cines froides, bien loin qu'il s'établisse une tempéra- « ture moyenne entre les deux éléments, la liqueur qui « a passé à travers la masse n'a plus qu'une chaleur « très-faible, tandis que les tranches de betteraves sont « chaudes à ne point les toucher. La constatation de ce « fait donne la raison pour laquelle le jus saturé qui « arrive à la cuve de fermentation ne marque, en gé- « néral, que 15° centigrades, le thermomètre, dans l'a- « telier, indiquant 18 à 20°.

« Quant au liquide qui fermente, on comprend que, « par le fait même des transformations qui s'y accom- « plissent, sa température tende à s'élever; aussi y « constate-t-on bientôt une température de 26°, cha- « leur suffisante, et qu'il est facile de maintenir telle « par l'addition continue d'un filet de jus sucré à 15°. « Ainsi guidée, la fermentation se maintient presque « toujours dans des bornes très-convenables. Le mou- « vement, très-aisément perceptible, est égal, modéré, « ne détermine pas d'écume, et n'offre point ces accès « désordonnés, cette exaspération pleine de boursou- « flures qui caractérisent et accompagnent souvent la « fermentation ordinaire. Le dédoublement du sucre « en alcool et en acide carbonique est calme, continu, « raisonnable; la senteur agréable et piquante qui « s'exhale de la cuve rappelle le parfum de la vendange « en travail, et n'a rien de cette odeur acéteuse qui se « développe quelquefois, etc..... »

Plus loin, M. Van den Broeck ajoute :

« Occupons-nous, à présent, du produit en alcool « retiré des 2,250 kilog. de betteraves travaillées la « veille; car, on ne doit pas l'oublier, le jus distillé au- « jourd'hui n'est que celui d'une des cuves remplies « hier. M. Huot retirait, chaque jour, 180 litres d'al- « cool marquant de 47 à 50° à l'alcoomètre centésimal « de Gay-Lussac, la température étant à 15° centi- « grades. Cette quantité représente 101 litres environ « d'alcool à 90°, ou, si l'on aime mieux, 4 1/4 à 4 1/2 « d'alcool à 90° centésimaux par 100 kilog. de bette- « raves.

« Telle est l'importance, importance réelle, du ren-
« dement en alcool. Voyons, à présent, ce qu'on fait
« des tranches ou plutôt des lanières de betteraves épui-
« sées après qu'on les a retirées des macérateurs.

« Ces résidus sont conduits dans une espèce de cel-
« lier avoisinant les étables. Là on les mélange, dans
« des cuviers en bois, avec des balles de blé, des four-
« rages hachés, de la paille même, et on abandonne le
« tout à une fermentation lente pendant vingt-quatre
« à trente heures. On comprend qu'aux matières sèches
« que je viens de désigner on pourrait substituer ou
« adjoindre d'autres éléments nutritifs, du son, des
« tourteaux, etc., etc. Mais, quelles que soient les sub-
« stances choisies, il est nécessaire de bien les mélan-
« ger avec les résidus de betterave, afin que la masse
« soit homogène, l'humidité également répartie et la
« fermentation uniforme. Au bout de quelques heures,
« cette fermentation commence à se produire et se dé-
« veloppe successivement ; les progrès se suivent avec
« facilité et se mesurent d'après la température de l'in-
« térieur, et surtout d'après l'odeur qui s'en exhale.

« Chez M. Huot, les résidus de betterave entrent
« pour trois quarts en poids dans la composition du
« mélange servant à l'alimentation du bétail. On com-
« prend, en effet, qu'il ne serait guère possible d'en
« ajouter une proportion plus forte, eu égard à la
« grande quantité d'eau que renferme la betterave épui-
« sée. Cependant les habitudes particulières des nour-
« risseurs pourront introduire, dans les rapports que je
« viens d'indiquer, les modifications convenables pour

« chaque cas déterminé. Ce qu'il y a d'important à « noter, c'est que les bestiaux sont *avides* du mélange « en question, et qu'utilisée de cette façon la betterave « paraît être d'un emploi à peu près aussi avantageux « que si elle était consommée dans les conditions ordi- « naires. »

Plus loin, il ajoute :

« Les sympathies de la Société centrale d'agriculture « de Belgique étant nécessairement acquises à toute in- « novation dont le but essentiel est de développer et « d'accroître les ressources du cultivateur, et consé- « quemment la fertilité du sol, je me bornerai à l'exa- « men pratique de la question sous le rapport plus « spécial des progrès agricoles dont elle promet la réa- « lisation. Je veux surtout démontrer que le fermier « intelligent et actif peut, au moyen d'un capital mo- « dique et sans risques, augmenter certainement son « bien-être et ses profits. Je veux établir que, sans « même changer notablement son système général de « culture, il lui est loisible de tirer de ses produits un « parti nouveau, et de se créer, en outre, une source « abondante d'engrais.

« Voici, au reste, les chiffres approximatifs, mais « consciencieux, qui pourront convaincre mes lecteurs.

« J'admets qu'un fermier dispose son système d'as- « solement de manière à pouvoir cultiver, année com- « mune, 12 hectares de betteraves. J'admets aussi que « le produit, par hectare, soit d'environ 40,000 kilog. « de racines, résultat qui n'a rien d'excessif et sera très- « souvent dépassé.

« Dans cette occurrence, ce fermier récoltera donc « 480,000 kilog. de betteraves par an, quantité que je « suppose pouvoir être consommée en sept mois par « le bétail qu'il nourrit. A ce compte, la consomma- « tion journalière, pendant ces sept mois, serait de « 2,280 kilog. environ, et cette quantité de racines de- « vrait être journellement traitée en vue de produire « l'alcool. Ici je dois faire une observation dont tous « les hommes pratiques comprendront l'importance. « Dans les exploitations rurales, le travail de nuit n'est « pas connu. Levés avec l'aube, les cultivateurs se cou- « chent avec le soleil, et je crois que l'obligation d'une « besogne et d'une surveillance nocturnes ne serait pas, « en général, un de leurs moindres embarras. Il faut « donc, autant que possible, disposer les choses afin « que le travail nécessaire à l'obtention de l'alcool s'ac- « complisse dans les douze heures qui représentent la « journée ordinaire. »

Suivent le détail et l'énumération des chiffres dont se composent les frais d'établissement, ceux de la manutention, les produits ou rendement, d'où M. Van den Broeck arrive à la conclusion (page 101) « qu'une dé- « pense journalière de 56 fr., comprenant le prix total « de 2,240 kilog. de betteraves, produit un bénéfice « quotidien de 88 fr., soit près de 160 pour 100, non « compris la valeur des résidus. »

« Cela paraît fabuleux, ajoute-t-il; mais, en dépit de « l'apparence, *cela est réel*. Néanmoins, voulant ap- « porter dans mes calculs toute la modération imagi- « nable, et enlever tout prétexte à ceux qui pourraient

« être tentés, par croyance ou par intérêt, de crier à « l'exagération, j'admettrai encore une réduction de « 15 fr. dans le bénéfice net, qui restera de 73 fr. pour « une dépense de 56 fr., soit plus de 130 pour 100.

« Qu'à cet avantage on joigne celui qui résulte de ce « que toute la betterave *donnée au bétail n'aura rien « coûté*, et l'on sera convaincu des immenses profits « dont le cultivateur pourra trouver la source dans la « distillation directe de la betterave.

« Dans tout ce qui précède, description ou calculs, « je ne me suis fondé que *sur des faits positifs*, sur des « renseignements exacts, sur des raisonnements sé- « rieux; j'ai eu soin d'écarter de mon esprit toute ten- « dance à l'exagération..... »

Voici enfin les dernières lignes du rapport : « Vous ne « verrez, Messieurs, dans le travail que je vous soumets, « que mon désir d'être utile, en contribuant à populariser « en Belgique une idée pratique que l'importance de « ses résultats possibles élève presque *à la hauteur d'une « question sociale*. J'espère plus encore : vous partage- « rez cette conviction, et moi, le défenseur inhabile « d'une des pensées les plus fécondes, je trouverai « dans votre concours et ma récompense et mon ex- « cuse. »

A ces faits concluants nous ajouterons que la distillerie de la Planche a fonctionné sans discontinuer depuis le 8 janvier jusqu'au 6 avril, c'est-à-dire jusqu'à la fin de son approvisionnement de betteraves, et, malgré l'altération de ses racines, qui avaient été gelées, puis dégelées, au point d'être visqueuses et de donner des jus si gras qu'ils filtraient à peine, jamais le travail ne fut interrompu.

L'état d'entretien du bétail de la ferme, avant l'installation de la distillerie, laissait à désirer, car M. Huot avait fait des étables de la Planche une sorte d'infirmerie de toutes ses autres exploitations. Une grande amélioration a été constatée après une nourriture de trois mois exclusivement composée des résidus de betterave mélangés à des fourrages secs; le produit des vaches laitières s'était sensiblement accru. Un lot de moutons, qui ne pouvait trouver acquéreur au prix de 14 fr. par tête, a été vendu à un prix plus que double, sans avoir reçu d'autre nourriture que la pulpe macérée, et le mélange ordinaire de fourrage sec.

Quant au produit en alcool obtenu dans cette distillerie, nous le ferons connaître plus loin en transcrivant un rapport récemment présenté à la Société d'encouragement par M. Clerget, au nom d'une commission nommée à cet effet, et composée de MM. Barral, Jourdier et Clerget; ce rapport présente les relevés de toutes les opérations et les résultats comparatifs des trois distilleries ayant fonctionné suivant notre méthode.

DISTILLERIES DE M. D'HUICQUES, A BRÉGY (OISE), ET DE M. ALLIER, A L'ÉTABLISSEMENT DE PETIT-BOURG.

Pendant les trois mois que dura le travail de la Planche, un grand nombre de propriétaires et d'agriculteurs visitèrent cet établissement dont M. Huot se faisait un plaisir de leur ouvrir les portes et de leur communiquer tous les détails avec l'urbanité et l'intelligence qui le distinguent.

Tous purent se convaincre, par eux-mêmes, des immenses avantages qui résultent de l'annexion d'une semblable distillerie à une ferme ; aussi deux de ces propriétaires, qui avaient encore à leur disposition une certaine quantité de betteraves, s'empressèrent-ils de faire approprier un local et établir le matériel de manière à opérer de suite. Les autres se virent forcés d'ajourner à la récolte prochaine la réalisation d'un projet déjà arrêté dans l'esprit de la plupart d'entre eux. De ces deux distilleries, plus importantes que celle de la Planche, puisqu'on put y traiter environ 4,000 kilog. en douze heures, l'une, celle de M. d'Huicques, de Brégy (Oise), fut installée le 27 avril ; l'autre, celle de M. Allier, directeur de la colonie de Petit-Bourg (Seine-et-Oise), fut mise en train dans les premiers jours de mai, et toutes deux fonctionnèrent jusqu'à épuisement de leurs betteraves, pendant un mois et quelques jours.

Les betteraves de Brégy étaient de l'espèce dite globe jaune, d'une dimension extraordinaire : leur état de conservation était plus satisfaisant en apparence qu'en réalité ; par suite de leur grosseur, beaucoup étaient creuses et présentaient, à l'intérieur, des traces d'altération à laquelle la saison avancée n'était sans doute pas étrangère. Elles étaient peu riches en sucre ; les analyses ont constaté qu'elles n'en contenaient que 4 pour 100. Malgré ces conditions peu favorables, la marche de l'établissement a été régulière, et ses résultats sont venus corroborer ceux obtenus à la Planche.

Là, en effet, de même que chez M. Huot, extraction, aussi complète que possible, de tout le sucre contenu dans la plante, fermentation naturelle continue, modérée et produit en alcool proportionnel à la richesse saccharine de la betterave. On remarqua également l'avidité avec laquelle les animaux consommaient la pulpe mélangée aux fourrages secs, bien qu'à cette époque ils eussent déjà de la nourriture verte, et que le retour de l'herbe eût pu les éloigner des résidus de betteraves.

Quant aux chiffres précis du rendement, nous les puiserons, ainsi que nous l'avons dit plus haut, dans le rapport de M. Clerget, dont nous donnerons plus loin un extrait.

Nous signalerons un fait important au point de vue de l'hygiène publique, que la réunion à Brégy, avec la commission de la Société centrale d'agriculture, des autorités administratives de l'arrondissement, M. le sous-préfet, M. l'ingénieur des ponts et chaussées, etc., etc., a permis de constater officiellement; c'est l'absence, sur la voie publique, de toute espèce de résidus fétides nuisibles à la santé publique, ou seulement incommodes. Il n'entre dans la distillerie que de la betterave, et il n'en sort que de l'alcool et de la nourriture pour le bétail. Rien à rejeter, comme dans le travail par les râpes, et les presses ou tous autres qui sont obligés de faire écouler d'énormes quantités d'eaux chargées de principes azotés, qui, entrant bientôt en décomposition, répandent l'infection dans tout le voisinage.

Cet avantage de notre procédé, dont le principe repose sur le traitement de la betterave ou de toute autre plante sucrée, par les jus mêmes de la plante, est dû à l'emploi des vinasses pour la macération, emploi qui, outre les économies d'eau et de chaleur qu'il procure, facilite l'extraction du jus et reconstitue la valeur nutritive de la betterave, en lui restituant les sels et tous les principes en solution dans ces vinasses.

A l'appui et pour la démonstration de cette assertion, nous croyons utile d'emprunter à l'*Écho agricole* du 30 mars 1854 l'article suivant, qui jette un grand jour sur cette question :

« Dans notre dernier article, en donnant le prix de « revient de l'alcool d'après le procédé et les chiffres « de M. Champonnois, nous n'avons rien compté pour « le prix de la betterave, parce que nous considérons « cette dernière comme aussi bonne, après macération, « pour la nourriture du bétail.

« Cette allégation nous a attiré de nouveau la ques- « tion suivante, à laquelle nous avons déjà répondu « en partie, mais qui est trop intéressante pour les cul- « tivateurs, pour que nous ne saisissions pas l'occasion « d'y revenir encore avec plus de détail.

« *Sur quoi est fondée cette prétention que le résidu « macéré est aussi bon que la betterave?*

« L'opinion que les résidus macérés sont impropres

« à la nourriture du bétail est, nous convenons, géné-
« ralement admise et bien fondée ; elle a été pleine-
« ment confirmée par une longue expérience de cette
« pratique dans les sucreries. Mais il ne faut pas con-
« fondre *la macération à l'eau*, comme elle se faisait
« alors, avec *la macération par les vinasses* telle que l'a
« imaginée et régularisée M. Champonnois.

« Par la première, et lorsque l'opération est exacte,
« tout ce qui constitue la betterave est enlevé, sauf
« quelques centièmes de cellulose ou matière ligneuse
« qui est presque inerte pour la nourriture du bétail,
« sauf encore quelques parties d'albumine qui res-
« tent coagulées dans la betterave lorsqu'on agit à
« chaud.

« Généralement on est obligé de presser ces résidus
« pour en enlever la plus grande partie de l'eau, et en-
« core, malgré ce travail, le résultat est-il très-pauvre
« en matière nutritive relativement à son poids.

« Par la vinasse, au contraire, on restitue à la plante
« tout ce qu'elle contenait, sauf le sucre, qui a disparu
« dans la fermentation ; en sorte que le résidu est exac-
« tement de la betterave, *moins le sucre*.

« Nous avons déjà cité comme analogue de cette opé-
« ration celles qui consisteraient soit à cuire la bette-
« rave et à la laisser fermenter, soit à la réduire en la-
« nières comme le fait M. Champonnois, à la presser
« dans des tonneaux comme la choucroute, et à l'aban-
« donner ainsi à la fermentation. Nous avons enfin parlé
« du résidu pressé des fabriques de sucre conservé en
« silos. Toutes ces opérations, qui se pratiquent géné-

« ralement comme perfectionnements sur l'emploi de « la betterave crue, donnent exactement le même ré- « sultat, sauf un peu plus d'acide lactique ou acétique, « qui peut bien jouer le rôle d'excitant ou d'élément « respiratoire, mais qui ne peut compter comme élé- « ment d'assimilation. Dans tous ces procédés, il y a « aussi perte de la presque totalité de l'alcool, dont on « reconnaît facilement la présence dans l'air à l'odeur « qui se répand dans les pièces où se pratiquent ces « opérations, surtout lorsque la fermentation s'élève à « une haute température.

« Tous les doutes qui existent sur la valeur des ré- « sidus viennent d'une fausse appréciation de la nature « de la betterave. Ainsi on croit généralement que les « résidus des fabriques de sucre valent mieux, à poids « égal, que la betterave elle-même, parce que, dit-on, « il y a moins d'eau, et que les 20 ou 25 pour 100 « de pulpe, séparés des 80 ou 75 de jus, sont plus ri- « ches en matières nutritives ; c'est une erreur dans la- « quelle sont tombés les fabricants de sucre, et qu'ils « ont soin d'entretenir.

« Lorsqu'on examine que, dans la betterave, tout est « liquide, sauf 2 ou 3 pour 100 de ligneux ; que le jus « qui reste dans la pulpe après la pression est exacte- « ment semblable à celui qui en a été extrait ; que la « seule différence qui existe dans la pulpe, c'est qu'elle « contient à elle seule toute la partie ligneuse, matière « inerte, on demeure convaincu qu'elle contient, rela- « tivement à son poids, moins de matière nutritive que « le jus. La preuve de cette indication, c'est que les

« dernières parties de jus extrait, iriez-vous à 85 et « 90 pour 100, ont exactement la même densité que « les premières; c'est encore que, si vous lavez de la « pulpe jusqu'à dissolution de toutes les matières so- « lubles et que vous fassiez dessécher le résidu, il ne « restera que la cellulose ou matière ligneuse, environ « 2 à 3 pour 100; si encore vous divisez la betterave « de manière à briser toutes les cellules, comme on « peut le faire sur une meule en grès, vous n'obtiendrez « que du jus. Donc les 97 ou 98 pour 100 de la bette- « rave *sont liquides;* le reste est une matière ligneuse « ou inerte, et le jus est plus nourrissant, à poids égal, « que la pulpe.

« La préférence qu'on donne à la pulpe pressée, pour « être fondée, devrait reposer non pas sur la plus « grande somme de matières alimentaires qu'elle con- « tient, mais sur la disposition qui la rend plus facile « à administrer aux animaux et à être consommée. La « matière ligneuse, qu'elle renferme en plus grande « proportion que la betterave, peut aussi jouer un rôle « utile comme lest à l'estomac. Toutefois il est à croire « que le jus, mélangé dans de bonnes proportions avec « de la paille hachée, serait plus nourrissant que la « pulpe des fabricants de sucre.

« De toutes ces considérations on doit conclure que « la valeur nutritive de la betterave ne consiste pas « dans une matière solide, mais bien dans la matière « liquide qui forme les 97 et 98 pour 100 de son poids, « et que si, par une macération à l'eau, vous avez en- « levé tous ces principes liquides, *il ne reste rien* qu'une

« éponge ligneuse remplie de l'eau qui a pris la place « du jus.

« Mais si, au contraire, au lieu d'eau, vous remplis- « sez cette éponge du jus de la betterave elle-même « dont vous avez retiré le sucre sous forme d'alcool, « vous reconstituez la betterave dans tout ce qu'elle a « d'utile pour l'alimentation des bestiaux : c'est le but « que s'est proposé M. Champonnois, et qu'il nous pa- « raît avoir atteint.

« La composition même de la betterave en matières « salines, azotées et sucrées soulève encore, comme « alimentation du bétail, des questions sur lesquelles « nous aurons occasion de revenir. Pour aujourd'hui, « nous n'avons voulu qu'une chose, faire voir qu'il n'y « a aucune analogie entre les résidus de la macération « à l'eau et ceux de la macération à la vinasse. Nous « tenions, en même temps, à démontrer que, sur un « poids donné de betteraves, 1,000 kilog. par exemple, « les 80 pour 100 ou 800 kilog. de résidus que donne « la macération à la vinasse sont infiniment supérieurs « en principes alimentaires aux 20 pour 100 ou 200 kil. « de pulpe que retirent les fabricants de sucre. C'est ce « que M. Payen a formulé dans son rapport à la So- « ciété centrale d'agriculture sur le procédé Champon- « nois, et c'est ce dont il est utile que les cultivateurs « puissent se convaincre (1). »

Dans le traité qu'il vient de publier sur la distillation

(1) On a vu plus haut, page 14, que M. Payen estime à 1 kilog. 50, par 100 kilog. de betteraves employées, la matière nutritive fournie par les an-

de la betterave, M. Payen s'exprime ainsi, à propos des bénéfices que présente l'emploi de nos résidus de macération à la vinasse mélangés à des fourrages secs :

« On se rend aisément compte de ces avantages « qui semblent exagérés au premier abord, en consi- « dérant qu'aujourd'hui, dans un grand nombre de fer- « mes, notamment aux environs de Paris, on trouve « avantageux de préparer la nourriture des animaux « avec de la betterave réduite en pulpe et mélangée, sans « en séparer le jus, avec trois fois son volume de four- « rage haché; on laisse la fermentation s'établir et « continuer dans les fosses pendant quatre ou cinq « jours.

« Dans ces conditions, il se produit, aux dépens du « sucre, de l'alcool qui se volatilise en grande partie, et il « reste un mélange semblable, à peu près, à celui qu'on « obtient avec les cossettes imprégnées de vinasse. La « principale différence de cette opération consiste à « laisser perdre l'alcool, au lieu de le recueillir, sui- « vant le procédé nouveau de macération à la vinasse, « fermentation continue, et distillation.

ciens procédés des râpes et des presses, sous forme de pulpe, et à 6 kilog., aussi par 100 kilog. de betteraves, celle fournie par le procédé Champonnois, soit 4 fois davantage.

Ces 1 kilog. 50 étant contenus dans 20 kilog. de pulpe pressée obtenus de 100 kilog. de betteraves, et les 6 kilog. dans 80 kilog. de pulpe macérée à la vinasse fournie par la même quantité de racines, il en résulte que la proportion de matière alimentaire contenue dans les pulpes reste la même, et que le procédé Champonnois donne 4 fois plus de résidu, contenant la même richesse nutritive que le résidu obtenu par les râpes et les presses et que la pulpe des fabriques de sucre.

« On arrive également à des résultats défavorables
« par la perte de l'alcool, lorsqu'on soumet à la cuis-
« son les betteraves entières, qu'on les écrase entre des
« cylindres, en y ajoutant 25 centièmes d'eau, pour mé-
« langer l'espèce de bouillie, ainsi obtenue, avec trois
« fois son volume de fourrages hachés, comme cela se
« pratique maintenant dans plusieurs exploitations ru-
« rales. La dépense de force mécanique, main-d'œuvre
« et combustible est à peu près la même que dans une
« distillerie bien organisée. La fermentation durant
« quatre ou cinq jours transforme, en grande partie, le
« sucre en produits volatils, et la différence princi-
« pale est encore la perte presque entière de l'alcool,
« sans compensation. »

Nous reproduirons encore, sur le même sujet, une citation de M. Payen, empruntée au *Bulletin* de la Société impériale d'agriculture.

« On a constaté depuis longtemps en Allemagne les
« avantages que présente la fermentation des fourrages
« hachés et mélangés avec des racines coupées.

« Cette méthode, en beaucoup de circonstances,
« peut remplacer la coction, tout en épargnant les frais
« de combustible.

« Elle a surtout pour résultat utile de faire consom-
« mer avec profit, aux animaux, des substances dures,
« sèches, coriaces, notamment certaines pailles, les
« gousses ou siliques de colza, les capsules des graines
« de lin, la menue paille (balles d'avoine, de blé, de
« seigle).

« Dans quelques terrains appauvris, et dans les an-

« nées de disette des fourrages, cette pratique a donné
« des résultats fort avantageux, et dont on comprendra
« l'importance, si nous en citons quelques exemples
« remarquables.

« En 1836 et durant les années suivantes, le docteur
« Schweitzer, chargé de diriger l'exploitation du do-
« maine de Tharand, en Saxe, qui se trouvait dans un
« état déplorable sous le rapport de la production des
« fourrages, essaya d'abord, mais vainement, divers
« moyens pour faire consommer la paille de seigle,
« sans mélange de foin, à ses bestiaux. Il eut alors re-
« cours à la fermentation avec mélange de racines cou-
« pées, et pendant six années consécutives entretint ses
« animaux en si bon état qu'il parvint à relever la fé-
« condité du sol au niveau des terres les plus fertiles.

« M. Nivière, de son côté, reconnut, par des expé-
« riences en grand, que la paille hachée, soumise à la
« fermentation, produisait, par 100 kilog. de son équi-
« valent en foin, 3 kilog. 270 gr. de viande, tandis
« que la même paille, distribuée aux animaux en égale
« quantité, ne fit obtenir que 900 gr., c'est-à-dire trois
« fois et demie moins de viande (1). »

(1) Pour beaucoup d'autres renseignements utiles, consulter la brochure de M. Payen, *Traité de la distillation des betteraves* considérée comme annexe des fermes et des sucreries. Librairie de madame veuve Bouchard-Huzard, rue de l'Éperon, 5. 1854.

SÉANCE SOLENNELLE DU 23 JUILLET 1854.

Rapport de la commission spéciale pour la distribution annuelle des prix et récompenses.

Dans le courant de juillet, et après les travaux des deux dernières usines de Brégy et de Petit-Bourg, la commission de la Société impériale et centrale d'agriculture, chargée d'en vérifier les résultats pour servir de contrôle à ses premières appréciations, s'est exprimée ainsi par l'organe de M. Payen, son secrétaire perpétuel :

« Messieurs,

« Au nombre des plus grands services qui puissent être rendus à l'agriculture, la Société centrale a toujours compté l'introduction, dans les fermes, d'industries bien appropriées à ces exploitations.

« C'est ainsi que l'on parvient, en effet, à répandre des notions utiles et de l'aisance dans les campagnes, à occuper utilement le temps perdu durant les saisons où les travaux sont interrompus dans les champs, et que l'on peut éviter les inconvénients de l'accumulation trop grande de la population dans les villes.

« Ce fut une des plus intéressantes solutions de ce problème que M. Champonnois s'efforça de trouver, en étudiant les moyens pratiques d'annexer la distillation des betteraves aux exploitations rurales. La chose ne semblait pas facile dans les conditions où cette industrie avait été jusqu'alors exploitée ; le succès était même considéré comme impossible par des hommes très-compétents et qui avaient publié leur opinion sur ce point.

« Aussi M. Champonnois a-t-il dû changer les conditions habituelles dans lesquelles on avait jusqu'alors opéré : au lieu d'employer l'eau pour déplacer le jus, ce qui laissait des pulpes épuisées, à peu près sans valeur, il conçut et réalisa l'heureuse pensée de faire servir la vinasse à ce déplacement, et de rendre ainsi à la betterave des sels solubles et diverses matières azotées, grasses et autres, que la fermentation et la distillation n'avaient pu faire disparaître.

« Cette principale difficulté vaincue, il restait à trouver le moyen de rendre les fermentations plus régulières et plus faciles à diriger. M. Champonnois est parvenu à réaliser encore ce perfectionnement, en modifiant les procédés usuels et surtout en rendant, après une première mise en train, la fermentation continue et régulière. Au lieu de verser, comme on le faisait généralement alors, une grande quantité de jus sur quelques millièmes de son volume de levûre délayée ou de levain déposé au fond des cuves par les fermentations précédentes, il essaya de mettre la réaction dans des conditions toutes particulières.

« Il fait arriver dans une grande masse de jus fermentant, et tenant la partie plus active du ferment en suspension, un mince filet de jus, de telle sorte que pendant toute la durée de l'écoulement, dix ou douze heures, un très-faible volume de jus sucré se trouve successivement en présence d'une masse de liquide abondante en ferment très-actif.

« Bien loin, d'ailleurs, de vouloir employer comme ferment les dépôts des cuves, il les fait porter directement, chaque jour, dans la chaudière, et recommande d'enlever avec soin, par des lavages complets, toute trace de ces dépôts, qui contiennent, en effet, les portions moins actives ou altérées du ferment.

« Nous n'insisterons pas davantage sur les détails du procédé, car il se trouve décrit exactement dans le premier rapport présenté par MM. Boussingault, Pommier et Payen ; nous ferons seulement remarquer que, dans les conditions où M. Champonnois a mis cette industrie vraiment agricole, la production de l'alcool de betterave sera peut-être mieux en état, que dans les distilleries ordinaires, de soutenir la concurrence des autres industries alcoogènes.

« Effectivement, d'après la méthode nouvelle que nous venons de rappeler, la production principale est évidemment la matière épuisée du sucre, mais contenant divers autres principes alimentaires plus ou moins modifiés de la betterave; elle doit former la base de la nourriture du bétail durant la *saison d'hiver*, c'est-à-dire chaque année, depuis le mois d'octobre, époque où la nourriture herbacée ou tuberculeuse cesse dans les champs, jusqu'au moment où le mois de mai la ramène.

« L'importance de cette industrie, introduite dans une ferme, doit donc être calculée sur la quantité de betterave macérée que les animaux peuvent consommer utilement.

« Quant à l'alcool, sa production se trouvera nécessairement subordonnée à cette consommation de la nourriture qui en résulte. Sa valeur pourra, suivant les circonstances commerciales, tantôt constituer un bénéfice plus ou moins considérable en laissant, en outre, gratuitement, le résidu, tantôt abaisser seulement le prix revenant de la nourriture des animaux de la ferme au-dessous du taux ordinaire.

« Ainsi donc, dans les circonstances où, par suite de la baisse des prix de l'alcool, les distilleries éloignées des fermes ne réaliseraient plus de bénéfices, les fermes munies de distilleries annexes pourraient se contenter d'obtenir, gratuitement ou à bon marché, le résidu qui, pour elles, formerait le produit principal.

« Les betteraves macérées suivant le procédé en question retiennent, en effet, des substances alimentaires en plus grande quantité que les pulpes épuisées à l'eau ; cette nourriture se complète économiquement par le mélange avec divers fourrages secs coupés.

« L'expérience, pendant plusieurs mois, a démontré que la macération et une fermentation légère dans ces mélanges améliorent les éléments dont cette nourriture se compose. Les fourrages secs, trop durs et résistants à l'état normal, deviennent humides et souples ; ils éprouvent une sorte de désagrégation qui les rend plus facilement digestibles et plus complétement assimilables : les animaux les mangent avec une avidité de bon augure, et les résultats favorables de cette alimentation s'accordent avec toutes les prévisions.

« Des circonstances heureuses ont permis d'apprécier

cette industrie agricole dans trois localités différentes, où la culture présentait trois variétés de la betterave. Chez MM. Huot, auprès de Troyes, c'était la *disette*, la plus pauvre en sucre, par conséquent la moins productive de toutes en alcool; chez M. d'Huicques, à Brégy, près de Meaux, la *globe* jaune, obtenue trop volumineuse pour être bien sucrée; enfin, chez M. Allier, directeur de la colonie agricole de Petit-Bourg, auprès de Corbeil, la betterave blanche à sucre, plus riche que toutes les autres, mais venue dans une terre fertile et si bien fumée, que les racines, très-volumineuses, contenaient moins de sucre que dans les cultures ordinaires.

« Pour chacune des trois variétés les conditions se trouvaient donc plutôt défavorables à la production de l'alcool, et l'épreuve en devait être d'autant plus concluante, si elle donnait de bons résultats.

« L'une des fabriques était montée pour traiter, par jour, 2,250 kilog. de betteraves et donner 2,000 kilog. de résidus; les deux autres devaient traiter, par jour, chacune 4,000 kilog. de betteraves et donner 3,555 kil. de résidus ou cossette macérée.

« Dans toutes les trois, les opérations étaient surveillées avec soin par les habiles directeurs que nous venons de nommer, et qui nous ont ouvert leurs ateliers ainsi que toute leur exploitation; ils nous ont donné, avec l'obligeance la plus gracieuse, des renseignements dignes de toute confiance.

« Nous avons pu en conclure, en profitant, d'ailleurs, des observations et des expériences saccharimétriques communiquées par M. Clerget,

« 1° Que, dans les conditions variées où l'on a pratiqué la distillation des betteraves, chez MM. Huot, d'Huicques et Allier, le rendement en alcool a été bien proportionné à la richesse en sucre des racines traitées;

« 2° Que les cossettes épuisées ont été employées avec grand succès à la nourriture des animaux après avoir mélangé et laissé fermenter, vingt-quatre à trente-six heures, ces cossettes avec trois fois leur volume ou environ un tiers de leur poids de menue paille et fourrages secs hachés;

« 3° Que le bénéfice seul de cette alimentation salubre et économique des animaux assurerait de grands avantages aux exploitations rurales pourvues de distilleries annexes;

« 4° Que l'établissement, dans les fermes, de semblables distilleries ne parait offrir ni plus de difficultés ni plus d'inconvénients que la distillation des grains ou des pommes de terre, considérée depuis longtemps comme une industrie facilement appropriée aux fermes; que même un avantage particulier aux distilleries de betteraves par le nouveau système est d'éviter tout écoulement de vinasse au dehors de l'usine;

« 5° Que les nouvelles distilleries sont de nature à pouvoir être installées soit dans chaque exploitation rurale assez importante, soit centralisées au milieu et à proximité des fermes, qui enverraient les betteraves de leurs cultures et rapporteraient les pulpes macérées pour nourrir leurs bestiaux, sous des conditions convenues d'avance entre les fermiers et les fabricants d'alcool.

« Des distilleries en participation, analogues aux fruitières du Jura, seront parfois, sans doute, le meilleur moyen d'offrir aux petites exploitations les avantages de cette industrie annexe, sans les obliger à des frais de premier établissement et de direction trop onéreux pour elles.

« Dans les circonstances actuelles, cette nouvelle annexe des fermes offre un haut intérêt et un caractère évident d'utilité générale, car elle peut suppléer à la fois, pour la fabrication de l'alcool et l'application des résidus de distilleries, au défaut d'une production suffisante, à cet égard, de céréales et de pommes de terre.

« Elle comblera le déficit éprouvé et à craindre encore sur la production de l'alcool des vins.

« Elle pourvoira, dans ces différentes applications, à la fourniture des subsistances par une double voie : l'accroissement, l'entretien, l'engraissement des animaux de boucherie et l'élévation de la fécondité du sol par des engrais plus abondants.

« Plus tard, sans doute, lorsque les productions de l'agriculture et de la viticulture seront revenues à leur état normal, les distilleries annexées aux fermes, en abaissant le cours de l'alcool, permettront de développer les usages industriels et économiques de ce produit; leur influence déterminera, nous devons l'espérer, les vignerons à donner de plus grands soins au choix des cépages, à la culture des vignobles, à la récolte comme au triage du raisin, à la fabrication, à la conservation et à la distillation des vins. Alors le commerce intérieur, ainsi que nos exportations, mieux alimentés de vins fins, doués de bouquets variés, et d'eaux-de-vie suaves qu'on ne produit nulle part ailleurs que sur nos bons crus, étendront facilement les débouchés de ces agréables boissons de France recherchées parmi toutes les nations du monde.

« Alors aussi les applications dans les arts et l'économie domestique, ces applications nombreuses, et en voie de progrès, qui n'exigent nullement une saveur douce ni des aromes délicats, offriront encore aux distilleries annexes des fermes une consommation importante. Cette consommation se développera graduellement, sans doute, grâce au bon marché des alcools de betterave, produit secondaire de la préparation d'une nourriture abondante pour le bétail.

« Alors enfin, la multiplication des animaux, la production de la viande, l'accroissement des fumiers, le développement des prairies artificielles, l'élévation de la fécondité du sol, successivement acquis et devenus, tour à tour, effets et causes viendront concourir au bien-être de tous et à l'amélioration de la fortune publique.

« Messieurs, en exposant ici toute l'importance du sujet qui nous occupe, nous avons cru pouvoir établir que la nouvelle industrie agricole serait digne de vos plus hautes récompenses dès que son installation dans les fermes aurait acquis une forme et une stabilité définitives. L'examen approfondi que nous avons fait des usines mises en activité vers la fin de cette campagne, nous donne l'espérance de voir les premiers succès confirmés et garantis par une pratique plus longue et plus étendue ; nous croyons donc devoir éviter d'épuiser, dès aujourd'hui, nos récompenses; mais les résultats déjà acquis nous semblent dignes de fixer l'attention de tous les agronomes, et nous avons l'honneur de vous proposer d'accorder des témoignages de votre satisfaction à ceux qui ont ouvert la voie dans la direction agricole, en décernant votre médaille d'or portant effigie d'Olivier de Serres à M. Champonnois, auteur du procédé, et une médaille d'argent à chacun des agriculteurs, MM. Huot de Troyes, d'Huicques, de Brégy, et Allier, de Petit-Bourg, qui, les premiers, ont mis en pratique la distillation rurale perfectionnée des betteraves. »

Ces conclusions sont adoptées.

SOCIÉTÉ D'ENCOURAGEMENT. — SÉANCE DU 26 JUILLET 1854.

Rapport fait par M. Clerget, *au nom des comités d'agriculture, des arts chimiques et des arts économiques réunis, sur la fabrication de l'alcool de betterave dans les établissements agricoles, par le procédé de M.* Champonnois.

« Messieurs,

« Nous venons vous rendre compte de l'examen auquel nous nous sommes livrés du procédé de M. Champonnois pour la fabrication de l'alcool de betterave. Le but que s'est proposé M. Champonnois a été de rendre cette fabrication praticable dans les établissements agricoles, et de lui donner le caractère d'une industrie annexe, propre à créer des travaux pour l'hiver, à faciliter la variété des assolements, à augmenter l'alimentation du bétail et, par conséquent, les engrais. Bien des efforts ont été faits pour arriver à de semblables résultats au moyen de la fabrication du sucre, mais ils sont demeurés jusqu'à présent sans succès, et les grandes fabriques spéciales de sucre ont seules continué à prospérer. C'est que la fabrication du sucre exige une main-d'œuvre compliquée et difficile, ainsi qu'un outillage dispendieux et généralement hors de la portée des cultivateurs. Le matériel d'une fabrique de sucre bien organisée se compose de machines à vapeur, de grands générateurs, de râpes mécaniques, de presses hydrauliques, d'appareils à cuire dans le vide et de purgeurs centrifuges. La fabrication de l'alcool est évidemment moins complexe, et aussi celle des alcools ordinaires a-t-elle été toujours pratiquée par un grand nombre de cultivateurs. On compte en France plus de dix mille propriétaires de vignes qui distillent eux-mêmes des vins et des marcs de raisin. En Allemagne, les distilleries agricoles de grains et de pommes de terre sont extrêmement multipliées ; dans le seul district de Mayence, il en existe plus de quatre cents. Cet état de choses prédispose à penser qu'une méthode judicieuse peut donner la solution de l'intéressant problème de l'installation, également dans les campagnes, de la fabrication de l'alcool de betterave.

« Peu d'explications nous suffiront pour indiquer les dispositions fondamentales du procédé de M. Champonnois, et toutefois nous renverrons, pour plus de détails, au dessin et à la légende annexés au présent rapport.

« Les betteraves sont d'abord lavées dans un *débourbeur* d'un usage très-répandu depuis longtemps dans les fabriques de sucre, et dont M. Champonnois est l'inventeur. Il consiste dans un cylindre formé avec des douves espacées, incliné et tournant sur son axe. En sortant du *débourbeur*, les betteraves sont soumises à un coupe-racine à roue verticale qui les divise en rubans minces et étroits. La pulpe, ainsi traitée, tombe sur le sol, et si l'état des betteraves l'exige, c'est-à-dire si elles paraissent avoir éprouvé quelque altération, cette pulpe est aspergée, au moyen d'un balai, avec une solution au dixième d'acide sulfurique du commerce. Cette solution est employée dans la proportion d'un demi-millième environ d'acide monohydraté pour un de betterave.

« Du coupe-racine la pulpe est transportée dans un des cuviers en bois, au nombre de trois, dits *macérateurs*. Chacun de ces cuviers, de 1 mètre environ de diamètre et de hauteur, peut contenir une charge de 400 kilog. Cette charge est répartie avec le plus de soin possible, afin qu'elle se tasse régulièrement et seulement par son propre poids; elle repose sur un double fond en tôle percé de trous; ce double fond est distant du fond réel de quelques centimètres. Lorsque la charge est complète, on la recouvre avec un second disque constituant aussi un crible, et on fait arriver par jet continu de l'eau bouillante sur la pulpe. Tandis que cette eau coule et remplit le cuvier, un second macérateur est aussi chargé de pulpe; puis on ouvre le robinet d'un tuyau partant du double fond du premier cuvier et s'élevant extérieurement jusqu'à la partie supérieure du second, dans lequel il pénètre. Le jus de la pulpe de la première charge, sur laquelle l'eau bouillante qui continue à affluer agit par macération, endosmose et déplacement, se déverse par ce tuyau sur la seconde charge, et, aussitôt que celle-ci en est complétement baignée, on donne issue au jus qu'elle fournit, à son tour, par un tuyau disposé comme le précédent, c'est-à-dire partant du fond du cuvier et se relevant extérieurement jusqu'au niveau du liquide. Ce tuyau conduit le jus à l'une des quatre cuves dites à fermentation; puis on arrête l'écoulement au moyen d'un robinet quand on reconnaît, à la hauteur du jus dans la cuve, qu'il est en quantité égale à la charge du macérateur d'où il provient. Pendant la durée de l'écoulement, qui a été d'une demi-heure environ, on a chargé de pulpe le troisième macérateur. Le premier, sur lequel l'eau pure a continué jusqu'alors de se déverser, ne contient plus, en ce moment, qu'un jus faible; on suspend l'écoulement de l'eau pure, et ce jus faible est soutiré du cuvier par une pompe qui le porte dans une chaudière dite à réchauffer. Ensuite on le conduit bouillant de cette chaudière sur le deuxième macérateur, et on ouvre le robinet de la conduite qui fait communiquer le fond de ce cuvier à la partie supérieure du troisième, lequel fournit, par suite, à la cuve à fermentation, une charge de jus *fort* égale à celle déjà obtenue du deuxième cuvier; mais, pendant cette opération, la pulpe du premier macérateur, épuisée et égouttée, a été retirée de ce cuvier et remplacée par une nouvelle charge de pulpe fraîche. De ce moment, la macération s'opère par un roulement continu ; c'est le second jus du troisième cuvier que l'on conduit sur le premier, en même temps que le jus faible et réchauffé du deuxième, sur lequel on a fait arriver une charge d'eau pure, est déversé sur le troisième. En définitive, chaque cuvier prend successivement à son tour le premier, le deuxième et le troisième rang dans la macération méthodique ainsi pratiquée. Cette macération à l'eau bouillante est continuée jusqu'à ce que la cuve à fermentation qui reçoit les déversements se trouve remplie, ce qui comporte une journée de travail. Dans cette cuve on a délayé à l'avance, et pour une seule fois pendant la durée des travaux de toute la saison, une quantité de levûre de bière en rapport avec la capacité du récipient, soit environ 1 kilog. pour 5 hectolitres de jus. Bientôt, sous l'influence de cette levûre, le jus fermente ; l'effervescence dure à peu près vingt-quatre heures, et, quand elle est arrêtée, on ouvre un robinet qui fait communiquer la cuve pleine avec l'une des trois autres cuves vides, de telle sorte que le liquide fermenté se partage également entre deux cuves. On procède à de nouvelles macérations pour compléter, avec leurs produits, la charge de ces mêmes cuves, et l'on voit le nouveau liquide qui vient se joindre à celui déjà fermenté entrer aussi en effervescence sans nouvelle addition de levûre. C'est le ferment auquel les principes azotés du jus ont donné naissance sous la première action de la levûre qui agit dans cette circonstance, et désormais il dispense de l'emploi d'un ferment additionnel. Les cuves étant refroidies, on commence à distiller le jus fermenté de l'une d'elles dans un alambic à colonne et à double chaudière, et alors c'est exclusivement avec les vinasses bouillantes, extraites de la chaudière inférieure de l'alambic, que l'on procède, en pratiquant un roulement semblable à celui qui vient d'être indiqué pour la macération initiale des pulpes à l'eau pure. Suivant M. Champonnois, ces vinasses, dont l'emploi constitue une partie très-caractéristique de sa méthode, ont la propriété de déplacer le jus des pulpes avec beaucoup plus d'énergie que ne le ferait de l'eau seule ; il pense que cette propriété est due à l'action, sur les cellules de la betterave, des acides organiques devenus libres.

« Il est facile de concevoir les principaux avantages que présentent ces dispositions.

« Par le découpage des betteraves, suivi de la macération, on évite l'usage des presses hydrauliques dont on se sert quand on râpe les racines dans les procédés ordinaires, pour en extraire le jus mécaniquement.

« D'un autre côté, les vinasses, employées comme moyen de déplacement du jus, tiennent lieu de l'eau que réclamait une macération ordinaire et que, dans beaucoup de fermes, il serait difficile de se procurer.

« Mais on doit surtout se fixer sur ce point très-important; alors que le procédé de l'extraction du jus par les presses ne laisse à l'agriculteur, pour la nourriture du bétail, que 20 pour 100 de pulpe à peu près et entraîne la perte de tous les principes solubles autres que le sucre contenu dans les 80 pour 100 de jus que l'on sépare et que l'on soumet à la fermentation, la macération par les vinasses conserve la totalité de la pulpe et lui rend ces mêmes principes. Dans les procédés d'extraction du jus par les presses, ces principes non-seulement ne sont pas utilisés, mais encore les liquides qui les contiennent sont souvent une cause sérieuse d'embarras sous le rapport de l'odeur fétide qui s'en dégage lorsqu'on se trouve obligé de les faire écouler sur la voie publique.

« Enfin, ce que le nouveau procédé présente encore de remarquable, c'est la régularité extrême des fermentations qu'il permet d'obtenir. Dans l'application des procédés ordinaires, l'effervescence est souvent difficile à régler. On jette dans les cuves, pour empêcher la mousse de se former, une quantité notable de corps gras; sans cette précaution, le liquide monte et déborde : souvent aussi une température trop élevée, et que l'on ne peut maîtriser, fait passer le liquide à la fermentation acide.

« La méthode adoptée par M. Champonnois prévient cet inconvénient. En effet, le jus de macération, déversé par jet continu, étant toujours à une température inférieure à celle de la cuve en travail, vient compenser l'excès de chaleur qui s'y développe, et ce jus subit immédiatement la transformation alcoolique sans être exposé à aucune cause d'altération; il n'est soumis qu'à la seule action du ferment utile en suspension dans le liquide auquel il se réunit, et l'on n'a pas à redouter l'influence, sur le sucre du moût, ou sur l'alcool naissant, de levûres usées ou décomposées, attendu que, chaque soir, la cuve dont on a distillé le contenu, et qui doit servir aux fermentations du lendemain, est nettoyée avec soin, et qu'il n'y reste aucune trace des résidus de l'opération précédente. D'ailleurs, guidé par les indications d'un thermomètre, l'ouvrier chargé de la conduite des cuves sait toujours s'il doit, en recourant aux moyens faciles dont il dispose, élever ou abaisser la température pour assurer le succès de l'opération.

« La commission s'est attachée à constater les résultats obtenus par M. Champonnois, en visitant les trois établissements où il a mis, cette année, son procédé en application.

« Le premier essai a été pratiqué chez MM. Huot, propriétaires de la ferme de la Planche, près de Troyes. Le travail a commencé le 12 janvier, et s'est terminé le 6 avril. La commission s'est rendue, le 17 mars, à la Planche : MM. Huot avaient eu nécessairement à surmonter des difficultés de début; aussi leur établissement réclamait-il quelques améliorations. Les appareils étaient installés daus un local dont la hauteur ne permettait pas d'élever assez l'alambic pour que l'écoulement des vinasses pût avoir lieu par une pente naturelle de la chaudière dans les cuviers à macération. Une pompe devait servir pour les déverser sur ces cuviers; mais les soupapes en avaient été altérées par la haute température du liquide, et elle fonctionnait mal. Le coupe-racine, mû à bras d'homme, ne débitait pas avec assez de rapidité; mais la circonstance la plus fâcheuse tenait au mauvais état des betteraves, qui n'avaient pas été cultivées en vue de la fabrication, et qui étaient, en général, de l'espèce dite *disette*, laquelle prend souvent de fortes dimensions et ne contient qu'une faible quantité de sucre. Le titre saccharin de ces betteraves était seulement de 5,5 pour 100 : mal conservées, elles étaient, pour la plupart, tellement défectueuses, que plusieurs femmes employées à les nettoyer suffisaient à peine pour en séparer les parties complétement altérées. Quoi qu'il en soit, nous avons reconnu que la macération de la pulpe s'effectuait bien, que les fermentations marchaient régulièrement, et que le titre alcoolique des vins (jus fermentés) était sensiblement en rapport avec la quantité de sucre que le moût représentait. La distillation donnait des flegmes de 47 à 48° : ils étaient de mauvais goût, comme le sont généralement les alcools de betterave de ce titre peu élevé; mais ils ne se trouvaient pas dans des conditions particulières qui dussent faire penser qu'il pourrait être difficile de les purifier par rectification. Enfin nous avons assisté à la distribution de la pulpe dans les étables, et nous avons vu les animaux la manger avec avidité ; MM. Huot assuraient que cette nourriture leur était très-profitable.

« Après notre visite à la ferme de la Planche, nous avons dû attendre, pour continuer notre examen, la mise en activité de l'usine également annexe d'une ferme que créait à Brégy, près de Meaux, un agriculteur habile, M. d'Huicques. La durée du travail, dans cette usine, a été de vingt-neuf jours : commencé le 20 avril, il a fini le 18 mai.

« Nous avons trouvé, à Brégy, un établissement très-méthodique. Évidemment, on avait mis à profit l'expérience acquise à la Planche. Ici le *débourbeur* et le coupe-racine, mis en mouvement par un manége auquel est attelé un cheval, fonctionnaient sans peine et avec régularité. Les élévations relatives de l'alambic, des macérateurs et des cuves à fermentation étaient bien ménagées, et les opérations se conduisaient avec une grande facilité. Le bétail, vaches, taureaux et moutons, mangeait avec prédilection la pulpe macérée additionnée de menue paille, et M. d'Huicques, en nous montrant les relevés de la production du lait, nous a fait remarquer une augmentation de plus d'un tiers dans cette production depuis l'emploi de la pulpe. Le mélange qu'il pratiquait était ainsi réglé : trois parties de pulpe en poids et une partie de menue paille, ce qui répond, en volume, à une partie de pulpe et trois de menue paille. M. d'Huicques donne cette nourriture jusqu'à concurrence de 30 à 35 kilog. de pulpe chaque jour par tête de gros bétail. On évalue, en général, la nourriture d'un mouton au sixième de celle d'un bœuf; d'où il suit qu'environ cent vaches, bœufs ou taureaux, ou six cents moutons, sont nécessaires pour consommer par jour 3,200 kilog. de pulpe macérée provenant de 4,000 kilog. de betteraves.

« Nous n'avons trouvé de regrettable, à Brégy, que la qualité des betteraves. Ces racines, de fortes dimensions, nous ont été désignées par M. d'Huicques comme étant d'une espèce métisse participant de la globe jaune et de la disette; nous avons constaté que le titre saccharin était seulement de 4,4 pour 100. C'est encore une infériorité bien marquée sur celui des betteraves de la Planche.

« Il nous restait à visiter la troisième et dernière usine installée, cette année, par M. Champonnois, celle de l'établissement agricole et pénitencier de Petit-Bourg, que dirige M. Allier. C'est seulement le 5 mai que cette usine a été mise en activité, et elle n'a marché que jusqu'au 29 du même mois, ayant, à cette époque, épuisé la quantité de betteraves qui avait été mise en réserve pour ce premier essai. L'usine, disposée avec toute l'économie que comporte le caractère de l'institution de Petit-Bourg, ne le cède pas, dans l'installation bien entendue du matériel principal, à celle de Brégy; toutefois il n'y existe pas encore de *débourbeur*, et le coupe-racine est mis en mouvement par des hommes. La plus grande propreté est apportée dans la tenue des récipients, et c'est un point très-essentiel; aussi avons-nous remarqué une extrême régularité dans les fermentations. L'odeur du vin était franchement alcoolique, sans aucune émanation indiquant cette altération visqueuse, lactique ou butyrique qui se manifeste parfois dans le traitement des betteraves. Il faut, à la vérité, faire observer que l'on opérait ici sur des betteraves à sucre dites de Silésie, et dont la conservation était satisfaisante, malgré l'époque très-avancée de la saison. On sait que c'est cette espèce qui présente, en France, dans des conditions régulières de culture, une richesse moyenne que l'on s'est accordé, jusqu'à présent, à porter à 10 pour 100. Nous n'avons trouvé toutefois, dans celle de Petit-Bourg, que 6,8 pour 100 de sucre; ce que l'on peut attribuer soit à une perte matérielle due à une conservation trop prolongée, soit à une fumure trop récente donnée aux terrains dans lesquels elles avaient été cultivées. La production avait été très-abondante. M. Allier nous a fait connaître qu'il avait récolté 60,000 kilog. par hectare. Quant à la nourriture du bétail, les animaux de races pures et variées, élevés et entretenus avec beaucoup de soin à Petit-Bourg, avaient refusé la pulpe de l'opération initiale simplement macérée à l'eau, tandis qu'ils ont très-bien accepté la pulpe macérée à la vinasse, surtout après quelques jours de conservation et de mélange avec le menu fourrage dont on l'additionne. Du reste, dans le procédé Champonnois, les pulpes n'abandonnent pas entièrement leur sucre par la macération ; elles en retiennent, suivant nos recherches, à peu près un sixième. Sous l'action des éléments contenus dans le fourrage ajouté, cette petite quantité de sucre paraît subir une fermentation utile pour l'alimentation.

«Nos essais, déjà mentionnés, des betteraves traitées devant nous dans les trois usines ont porté sur des racines prélevées avec les soins nécessaires pour qu'elles fussent l'expression de la qualité moyenne des lots auxquels elles appartenaient. D'un autre côté, nous avons constaté attentivement le titre en alcool absolu des jus fermentés provenant des mêmes betteraves, et nous avons remarqué les résultats suivants :

USINES.	TITRE SACCHARIN des betteraves.	TITRE ALCOOLIQUE, en volume, des jus fermentés.
La Planche. . . .	5,5 p. %	2,73 p. %
Brégy.	4,4	2,16
Petit-Bourg. . . .	6,8	3,40
	16,7	8,29
Moyenne. . .	5,56	2,76

« Ces rapprochements indiquent de la constance dans le procédé ; on voit que, pour les trois localités, le titre alcoolique des jus fermentés est resté presque rigoureusement proportionnel au titre saccharin des betteraves ; que le rapport dans chaque exemple est sensiblement d'un demi-litre alcool absolu pour 1 kilog. de sucre ; que, d'ailleurs, déduction faite de la quantité de sucre évaluée au sixième qui reste dans les pulpes macérées, la perte en alcool sur le sucre excédant est très-faible. En effet, suivant cette théorie admise que le sucre cristallisable C^{12}, H^{11}, O^{11}, soumis à la fermentation, se transforme d'abord en sucre incristallisable C^{12}, H^{12}, O^{12}, et qu'un équivalent de ce dernier sucre produit 4 équivalents d'acide carbonique et 2 équivalents d'alcool, le rendement de 100 kilog. de sucre devrait être de 67 litres alcool absolu ; or, en déduisant du titre moyen des betteraves, reconnu de. 5,56

« Un sixième pour le sucre retenu par la pulpe macérée, soit. 0,935

« Il reste, pour le sucre d'un quintal de betteraves soumis à la fermentation. . . 4l.,625

« Ce sucre aurait dû donner, théoriquement, un volume d'alcool absolu de. 3lit.,09

« Il a produit. . . . . 2 ,76

« Perte. 0lit.,33

« Soit un peu plus d'un dixième.

« Nous ne nous sommes pas tenus à ces essais ; nous avons jugé convenable, pour plus ample information, d'attendre que les travaux des trois usines fussent terminés, afin de connaître leurs résultats pratiques et de les comparer avec ceux de nos analyses. Voici le tableau de ces rapprochements :

USINES.	NOMBRE de jours de travail.	QUANTITÉ de betteraves traitées		TITRE SACCHARIN des betteraves.	SOMME DU SUCRE contenu dans les betteraves.	RENDEMENT théorique en alcool absolu.	RENDEMENT RÉEL en alcool absolu déduit des quantités et du titre des flegmes de 1re distillation.
		par jour.	en totalité.				
			kilog.		kilog.	litres.	
La Planche	84	2,250	189,000	5,5	10,395	6,964	5,922
Brégy	28	4,000	112,000	4,4	4,928	3,301	2,226
Petit-Bourg	20	2,915	58,300	6,8	3,964	2,656	1,769

« On voit que la fabrique de la Planche aurait produit, déduction faite du sixième de sucre restant dans la pulpe macérée, un peu plus que le rendement théorique; mais il est à observer que les betteraves que nous avons analysées au mois de mars, et sur lesquelles nous avons établi ce rendement, provenaient de la récolte de MM. Huot, et étaient très-probablement moins riches que celles qu'ils avaient traitées précédemment et qu'ils avaient achetées dans les environs de Nogent. Au contraire, à Brégy et à Petit-Bourg, les betteraves, ayant été toutes récoltées sur les mêmes terres, étaient plus homogènes; aussi les analyses qui s'y rapportent sont-elles beaucoup plus concordantes avec les rendements, et si, proportion gardée, le rendement réel de Petit-Bourg se trouve cependant un peu inférieur à celui de Brégy, cela tient à ce que, dans les premiers jours du travail de Petit-Bourg, les opérations d'essai avaient laissé à désirer. Le chiffre du produit total de l'usine de la Planche ne nous a pas été fourni directement par MM. Huot; nous l'avons déduit du titre de 47°, que nous avons reconnu à l'alcool de première distillation recueilli en notre présence et du rendement que l'on nous a assuré avoir été de 180 litres par jour.

« Quoi qu'il en soit, suivant l'ensemble des chiffres qui précèdent, le procédé de M. Champonnois a donné un rendement beaucoup plus élevé que celui que l'on attribue généralement aux procédés ordinaires de fabrication par les râpes et les presses. Lorsque l'on pratique ces procédés, on humecte ordinairement la pulpe sur les râpes, ainsi que pour la fabrication des sucres, avec 20 pour 100 d'eau à peu près, afin de la mieux épuiser de sucre, et, comme le rapport du poids de la pulpe pressée à celui de la betterave non additionnée d'eau est aussi de 20 pour 100 environ, c'est sensiblement un sixième du sucre normal de la betterave que l'on abandonne dans la pulpe. Nous avons expliqué qu'il restait également un sixième du poids de ce sucre dans les pulpes soumises au coupe-racine et macérées par les vinasses; mais, sur les cinq sixièmes de sucre que représentent les jus extraits par les presses, on perd, dans la fermentation, la distillation et la rectification, plus d'un tiers. C'est du moins ce qui ressort de cette donnée généralement admise que les betteraves à sucre dites de Silésie, cultivées pour la grande fabrication, contiennent en moyenne 10 pour 100 de sucre, et que ces mêmes betteraves ne fournissent cependant en alcool *trois-six*, pour 1,000 kilog. de racines, que l'équivalent de 36 litres d'alcool absolu. Or ces 1,000 kilog. de betteraves, supposés contenir 10 pour 100 de sucre, soit 100 kilog., représentent, dans les jus extraits, pour les cinq sixièmes de ce poids, 83 kilog. 34 de sucre, lesquels devraient donner 55 litres 83 alcool absolu, soit 67 litres pour 100 kilog. de sucre.

« En ce qui concerne la pulpe macérée telle qu'elle est donnée aux bestiaux, nous avons cru devoir nous préoccuper de la question de savoir quelle était sa teneur en azote. Nous devons à l'obligeance de M. L. Vilmorin, qui se livre, en ce moment, à des recherches d'un grand intérêt sur la betterave, le dosage de l'azote dans les betteraves fraîches et la pulpe macérée que nous avons rapportées de la Planche, et nous avons nous-mêmes soumis à des essais de même ordre, par le procédé d'analyse de MM. Will et Warrentrap, heureusement modifié par M. Peligot, des produits semblables provenant de Petit-Bourg; nous les avons, de plus, étendus à de la pulpe ordinaire conservée dans les silos; enfin nous avons cru devoir aussi doser l'azote des fonds de cuves de M. Champonnois, que chaque matin on verse dans la chaudière supérieure de l'alambic et ensuite sur la pulpe. Nous joignons ici un tableau de ces analyses :

Dosage d'azote.

NATURE ET PROVENANCE des matières soumises aux essais.	POIDS DES MATIÈRES fraîches analysées.	POIDS RÉDUIT par la dessiccation à 100°.	PERTE DE POIDS par la dessiccation.	LIQUEUR ALCALINE. Volume correspondant à 10cc acide normal, soit à 0g,175 azote.	LIQUEUR ALCALINE. Volume employé à neutraliser l'excès d'acide.	POIDS ABSOLU d'azote.	RAPPORT DU POIDS de l'azote à celui des substances fraîches.
Betteraves non macérées de la Planche........	10g	1g,313	86,9 p. %	26cc,3	22cc,2	0g,02726	0,00273
	10	1 ,339	86,6	26 ,3	22	0 ,02861	0-00286
Betteraves macérées de la Planche.........	10	0 ,816	91,8	26 ,3	23 ,7	0 ,01730	0,00173
	10	0 ,847	91,5	26 ,3	23 ,6	0 ,01796	0 00180
Betteraves non macérées de Petit-Bourg.......	8 ,210	1 ,320	83,9	29 ,2	25 ,6	0 ,02157	0,00263
Betteraves macérées de Petit-Bourg........	14 ,465	1 ,330	90,0	29 ,2	24 ,4	0 ,02534	0,00175
Pulpe râpée et pressée conservée en silo.. ..	7 ,372	1 ,430	80,6	29 ,2	26 ,2	0 ,01797	0,00243
Fonds de cuves à fermentation de Petit-Bourg.	15 ,147	1 ,417	90,6	29 ,2	8 ,6	0 ,12345	0,00815

« Suivant ce tableau, la richesse en azote des pulpes macérées soumises à nos essais est inférieure, dans le rapport d'un quart, à celle des pulpes des presses, et d'un tiers à celle des betteraves fraîches. Quelle est la cause de ces différences? Nous hésitons à l'attribuer à une perte matérielle d'azote ; car, pendant le travail, on ne s'aperçoit d'aucun dégagement ammoniacal qui pourrait l'expliquer. On doit plutôt penser que les différences résultent seulement de ce que nos analyses ont été faites sur des pulpes recueillies vers la fin du travail de chaque journée, macérées, par conséquent, avec des vinasses provenant de la distillation des couches supérieures des cuves à fermentation, et par suite beaucoup moins chargées que les couches inférieures de matières en suspension. On voit, en effet, en se reportant aux résultats de l'analyse des fonds de cuves, combien ces dépôts sont chargés d'azote. Dans tous les cas, et alors qu'on devrait admettre les chiffres que nous venons de présenter comme non susceptibles de rectification, on reconnaîtrait encore, en ayant égard au poids des pulpes macérées, quatre fois plus considérable que celui des pulpes de silos, que le procédé de M. Champonnois laisse à l'agriculture trois fois plus de matières azotées que le procédé des presses.

« Après cet exposé, il reste encore, pour apprécier le procédé de M. Champonnois, à discuter le prix de revient de l'alcool obtenu.

« Des polémiques se sont produites à cet égard dans les journaux ; nous nous abstiendrons de les suivre. Nous croyons suffisant de donner les indications que nous avons recueillies à l'usine de Brégy, celle où le travail nous a paru se rapprocher le plus des conditions dans lesquelles pourront se trouver placés les agriculteurs qui croiront devoir faire usage du procédé.

Usine de Brégy.

« Frais de fabrication par jour pour un traitement de 4,000 kilog. de betteraves, et en supposant l'alcool purifié et concentré à 94° :

	fr.	c.
Un distillateur suffisamment expérimenté.	6	»
Un chef d'ouvriers.	3	»
Deux ouvriers ordinaires à 2 fr. 50.	5	»
Un aide de quinze à dix-huit ans..	1	50
Un cheval au manége..	6	»
Intérêts et amortissement d'un fonds de 10,000 fr. pour le matériel et en calculant sur deux cents jours de travail.	5	»
Amortissement, en deux années, d'une prime de 3,000 fr. demandée par l'inventeur.	7	»
Loyer du local et réparation.	2	»
Charbon, 1 hectol. 1/3 à 4 fr.	5	30
Prix de 4,000 kilog. de betteraves à 20 fr. le 1,000.	80	»
Frais de rectification..	10	»
TOTAL. . .	130	80
A déduire pour 3,000 kilog. de pulpe macérée à 20 fr. le 1,000. .	60	»
RESTE (1). . . .	70	80

(1) Nous n'avons qu'une observation à faire sur l'évaluation des frais de fabrication, c'est qu'elle ne peut être considérée que comme approximative, suivant la position, la localité, etc., et que chacun pourra l'apprécier d'après les conditions qui lui sont personnelles.

Ainsi le prix de la journée d'un cheval au manége, celui du combustible, celui même du distillateur, dépassent de beaucoup *le prix moyen ;* le nombre des ouvriers peut être réduit, car, dans une installation bien entendue, trois hommes suffiraient au service, même pour une quantité de travail double. L'usine, prise pour base de l'appréciation du rendement, n'est pas non plus dans des conditions ordinaires; car la betterave qui y a été travaillée, riche seulement à 4,4 de sucre, est plutôt une exception.

L'amortissement de la prime du brevet, au lieu de porter sur les deux premières années, ne devrait-il pas, équitablement, se répartir sur toute la durée du brevet ? (*Note de M. Champonnois.*)

« Or, 4,000 kilog. de betteraves au titre saccharin de 4,4 p. 0/0 ont donné 1 hectol. 59 alcool à 50°, soit environ 75 litres alcool rectifié à 94°. Ce sont donc ces 75 litres qui coûtent 70 fr. 80 c.; mais, si on suppose l'emploi de betteraves au titre de 10 pour 100 de sucre, on devra doubler au moins le produit, et on aura environ 1 hect. 50 alcool rectifié pour ce même prix, ce qui porterait l'hectolitre à 46 fr. 60 c., alors qu'on paraît admettre généralement que le prix de revient de l'alcool par le procédé des presses est de 90 fr. au moins par hectolitre.

« Telles sont, Messieurs, les appréciations que nous avons l'honneur de vous soumettre. Nous considérons, en définitive, la communication de M. Champonnois comme méritant beaucoup d'intérêt; nous vous proposons de l'en remercier et de faire insérer le présent rapport dans le *Bulletin* de la Société, avec représentation des appareils par la gravure. »

Approuvé en séance, le 26 *juillet* 1854.

RÉSUMÉ.

Dans tout ce qui précède, j'ai laissé parler les faits ; il me reste à résumer, aussi succinctement que possible, les avantages de mon procédé, et les conséquences de son application soit dans la ferme, soit dans l'industrie.

Toute appplication d'une industrie nouvelle ou d'un procédé nouveau présente deux points essentiels à considérer : leur praticabilité, et leurs conditions économiques, en face des industries ou des procédés similaires.

Le procédé dont il est question touche à ces deux points : industrie nouvelle, comme création, dans la ferme, d'un nouvel élément de travail, et procédé nouveau, en présence de toutes les tentatives faites en ce genre, soit sur les racines sucrées, soit sur les céréales ou autres féculents, soit aussi en face de la grande industrie qui, à la faveur des prix très-élevés des alcools pendant ces dernières années, a pu se reconstituer momentanément avec les mêmes éléments qui, autrefois, avaient fait sa ruine.

J'aurai peu de choses à dire sur la praticabilité de l'opération dans la ferme ; ainsi qu'on l'a vu plus haut par les différents documents publiés, l'outillage est simple et ne peut que gagner en ce sens par l'habitude des manipulations et les perfectionnements que toute industrie nouvelle est en droit d'attendre du génie des divers intérêts.

La base du travail est la macération, opération que Mathieu de Dombasle, dans ses hautes conceptions d'avenir, avait jugée en ces termes :

« La fabrication du sucre ne sera pas, je le pense, « la seule application que trouvera le procédé de ma- « cération des betteraves. En Allemagne, on fabrique « déjà la bière avec le jus exprimé de cette racine ; à « l'aide de la macération, cet emploi de la betterave « pourra prendre une grande extension. Quant à la fa- « brication de l'eau-de-vie, on peut juger quel avan- « tage offrira pour la distillation une matière entière- « ment liquide, et qui permettra l'emploi des appareils « continus adoptés avec tant de succès dans le Midi. « Je crois que, lorsque cette question sera examinée, « la préférence qui a été donnée jusqu'ici à la pomme « de terre pour la préparation de l'eau-de-vie sera dé- « volue à la betterave, traitée par le procédé de macé- « ration, et il est vraisemblable que de toutes les sub- « stances dont on peut extraire l'aloool, on trouvera « que c'est la betterave qui peut le donner au prix le « plus bas, au moyen de ce procédé. »

Ainsi, un coupe-racine, des cuviers de macération, des cuves de fermentation, un appareil à distiller, voilà bien de l'outillage d'agriculture, pour la plupart déjà en usage dans d'autres opérations agricoles et n'exigeant pas la présence d'ouvriers spéciaux pour leur usage, leur entretien, ni leur réparation.

Là n'était pas la difficulté de l'extension de cette industrie dans la ferme. Cet outillage et une opération simple avaient été indiqués, comme nous l'avons vu, par

M. de Dombasle. Elle avait été pratiquée sur plusieurs points, et cependant rien n'indique qu'elle ait fait de grands progrès et soit parvenue à se fixer, malgré les grandes espérances qu'on en avait conçues et qu'on était en droit d'en attendre, par les immenses avantages qu'elle promettait à l'agriculture.

Mais on a toujours échoué dans deux conditions essentielles à remplir :

Satisfaction à l'intérêt agricole par la conservation de la partie alimentaire, sous une forme qui en permette l'emploi et la conservation, et *garantie* d'un rendement maximum et régulier.

Ainsi on savait qu'en découpant la betterave cuite ou crue, en la lessivant méthodiquement dans des cuviers avec de l'eau chaude ou froide, on parvenait à en extraire à peu près toute la matière sucrée ; on savait aussi que ce jus pouvait être mis en fermentation, et qu'il produisait de l'alcool, mais on rencontrait deux difficultés sérieuses :

La première, c'est que la betterave, lessivée par l'eau, ne contient plus ou presque plus rien des éléments utiles comme nourriture ;

La seconde, c'est que les fermentations étaient très-irrégulières, et donnaient lieu à des variations de rendement qui en abaissaient la moyenne à un taux peu rémunérateur.

On savait aussi qu'en traitant cette racine par la méthode dite *matières pâteuses* on satisfaisait à une condition essentielle, la conservation de la matière alimentaire; mais alors encore deux inconvénients : matière trop liquide et trop étendue d'eau, fermentation difficile et donnant une moyenne de rendement très-faible.

On verra, par la suite, comment, par des moyens simples et en n'employant jamais d'autres liquides que ceux provenant de la plante, on arrive à satisfaire à toutes les conditions,

Conservation de la matière nutritive dans ses proportions normales,

Facilité d'exécution

Et rendement maximum.

On a pu juger, par ce qui précède, des éléments constitutifs de ce procédé ;

Macération à la vinasse et fermentation continue.

Par la première opération qui a pour but l'extraction de la matière sucrée, les conditions de simplicité d'outillage et de manipulation sont conservées, et on satisfait à cette condition indispensable, « conservation de la matière alimentaire ; » et, en effet, que se passe-t-il?

La vinasse, employée comme liquide déplaçant, pénètre les cellules de la plante, chasse le jus contenu et se substitue à sa place ; la betterave contient donc, au lieu de son jus naturel, celui d'une opération précédente, mais privé du sucre, qui a été converti en alcool et séparé par la distillation. La betterave a donc retrouvé tous les éléments qui la constituaient, moins le sucre ; elle se trouve dans le même état que celui où on l'obtient quand on la fait fermenter exprès pour la donner aux bestiaux, opération qui se pratique journellement sur les racines, les farines, et même les fourrages, pour la nourriture des porcs et des bêtes à cornes.

Elle a même acquis une qualité dont l'importance n'a pas été, jusqu'à ce jour, signalée et appréciée à sa juste valeur ; c'est celle de déterminer dans les fourrages secs une fermentation très-active, fermentation qui a pour effet de rendre nutritives et assimilables beaucoup de substances qui dans les fourrages secs ne le sont pas, et d'augmenter, par là, leur puissance de nutrition.

Cet effet est déterminé par deux conditions, la température et la grande quantité de levûre que renferment ces résidus.

La chaleur et l'humidité pénètrent les substances sèches et les ramollissent; la levûre y détermine la fermentation et les désagrége.

Aussi obtient-on difficilement cette réaction lorsqu'on agit seulement avec la betterave crue, découpée ou râpée, ou même cuite et réduite en pâte; la fermentation s'établit lentement et irrégulièrement, parce qu'elle manque de l'un ou des deux éléments, la chaleur, et le principe actif, le ferment.

Le but proposé de la conservation de la matière alimentaire est donc atteint ; voyons s'il en est de même des conditions utiles pour l'extraction de la matière sucrée.

Nous avons dit, en commençant, que l'extraction de la matière sucrée par la méthode de la macération à l'eau était un fait acquis ; mais on pouvait, en y regardant légèrement, refuser à la vinasse, substituée à l'eau, la même action. En effet, on a dit : la vinasse a de la densité, donc elle ne peut agir sur un liquide d'une densité d'une autre nature.

On a dit encore : la vinasse retient tous les sels et matériaux solubles de la betterave; donc les sels vont s'accumuler par les rechargements successifs, et entraver les opérations.

On a dit enfin : la vinasse contient des sels alcalins qui, agissant sur les huiles essentielles et odorantes de la betterave, les entraîneront, et ces huiles, mises à nu dans les opérations de la fermentation et de la distillation, viendront infecter les produits.

Les faits ont répondu à ces allégations; mais quelques mots d'explication donneront une appréciation exacte des phases diverses de ces opérations et du rôle de chacun des éléments.

Ainsi la macération, dans les conditions rigoureuses de son application, n'est pas un mélange, c'est un déplacement. Qu'on suppose les cellules qui renferment le jus ouvertes et accessibles aux liquides environnants, si vous versez un liquide quelconque sur ces réunions de cellules, ce liquide les pénétrera, et déplacera successivement le liquide qui y est contenu, pour prendre sa place. Donc il n'y a pas de mélange d'une manière sensible, et ce qui le prouve, c'est que le jus obtenu est toujours dans un rapport constant de qualité, de richesse et même de couleur avec la betterave qui le produit; que, dans la température même du jus, il n'y a pas mélange, puisque la vinasse, quoique versée bouillante, déplace le jus extrait à un degré très-rapproché de celui de la betterave mise en travail; et enfin que cette opération a pu être pratiquée, pendant trois mois, sur des betteraves de qualités et de natures diverses, très-souvent altérées et même visqueuses, sans qu'il y ait eu nécessité de liquider.

Donc l'inconvénient de l'accumulation des sels n'existe pas et ne peut exister, et les altérations gratuitement attribuées aux vinasses, soit sur le jus, soit sur les produits, n'ont pas plus de fondement.

La vinasse, au contraire, possède des propriétés éminemment actives et qui viennent contribuer au succès de l'opération. Ainsi personne n'ignore les conditions à remplir pour la macération. Nous avons dit qu'il fallait supposer les cellules ouvertes, ou leurs enveloppes perméables, pour permettre l'échange des différents jus; cet effet, quoique ayant lieu à froid, est très-activé par la chaleur et aussi par l'action des acides. Ainsi on sait que, par la macération à l'eau pure, l'opération gagne en énergie et en activité par une addition d'acide; cet agent a donc la propriété de désagréger les cellules et de les rendre plus perméables. Eh bien, les vinasses possèdent toutes ces qualités, la chaleur, car elles sont bouillantes, et les acides, qui accompagnent toujours les fermentations alcooliques; elles contiennent, de plus, un autre agent, la levûre, dont l'action a la même tendance, désorganiser les enveloppes des cellules et prédisposer le sucre, par son inversion en glucose, à une facile fermentation.

Tout concourt donc, dans la vinasse, à lui assurer une grande supériorité, comme liquide macérant, sur l'eau pure, et la preuve encore de cette supériorité, c'est que, dans les mêmes conditions de température et de division de la betterave, on arrive au même degré d'épuisement avec les vinasses en bien moins de temps qu'avec l'eau pure; d'où il résulte qu'il faut moins de cuviers, par conséquent moins de dépenses d'établissement, moins de soins et moins de combustible, pour entretenir dans tous ces cuviers une haute température.

Ces conditions dans la macération rendent cette opération applicable à toute espèce de position, et, quoique spécialement utile à l'agriculture par sa simplicité et sa facilité d'exécution, elle peut rendre d'aussi importants services à la grande fabrication par l'économie de frais qu'elle procure, l'augmentation du rendement et la conservation de la matière alimentaire.

Ces avantages peuvent se traduire ainsi :

1° Économie d'au moins moitié sur les frais de fabrication ;

2° Rendement d'un tiers de plus en alcool;

3° Quatre fois plus de matières nutritives en résidus;

4° Aucun liquide à rejeter au dehors.

Et, pour obtenir ces résultats dans une distillerie travaillant par les râpes et les presses, quels seraient les frais de matériel et d'installation?

La substitution aux râpes et presses d'un coupe-racine et de trois cuviers!

Nous croyons avoir suffisamment analysé les conditions du travail dans cette partie de l'opération pour en faire comprendre les avantages ; il nous reste à donner les détails sur les principes et la marche de notre mode de fermentation pour en faire comprendre l'influence sur l'exactitude et la régularité des rendements.

Le mode de fermentation que nous avons appliqué,

et que nous appelons *fermentation continue*, consiste à faire couler les jus, au fur et à mesure de leur extraction, dans des masses de jus relativement très-grandes et en pleine fermentation.

Pour bien comprendre la différence essentielle de ce procédé avec tout ce qui s'était pratiqué jusqu'alors, il est utile de décrire la manière ancienne de procéder.

Le jus ou le moût étant obtenu par quelque méthode ou de quelque substance que ce soit, on remplissait une cuve, et, après s'être assuré de la température qu'on croyait devoir lui donner, on mettait en levain soit avec des levûres étrangères, soit avec celles de même nature et provenant des opérations précédentes. L'effervescence occasionnée par la décomposition du sucre et le dégagement de l'acide carbonique ne tardait pas à se manifester, et, cette réaction augmentant avec le développement de la température, la fermentation prend souvent une activité désordonnée, qu'on ne peut que surveiller, pour empêcher le débordement du liquide, en l'aspergeant d'eaux grasses ou savonneuses, mais qu'on ne peut régler dans les limites convenables d'activité; en sorte que le liquide monte souvent à une température très-élevée, qui le met dans les conditions d'une prompte acétification. Souvent aussi, et par des raisons qu'on ne peut apprécier et qui rendent cette opération si délicate qu'elle ne peut être confiée qu'à des hommes pratiques et d'une longue expérience, il arrive qu'avec les mêmes matières, les mêmes soins apparents, la fermentation ne marche pas, elle languit; et, au lieu de parcourir ses phases en vingt-quatre ou trente heures, elle en mettra le double, le triple, et enfin donnera des résultats très-variables et dont la somme peut n'être que la moitié de ce qu'on a droit d'espérer.

Le mode que nous employons lève toutes ces difficultés. Jamais d'irrégularité dans la marche, elle est toujours constante et en rapport avec la richesse du moût; jamais d'incertitude dans la direction de la fermentation, la grande masse de vin ou d'élément actif, toujours supérieure à la masse à fermenter qui lui est soumise, préserve des réactions contraires et garantit la régularité de la marche.

Et, en effet, que se passe-t-il?

Une cuve étant remplie encore en fermentation ou terminée de la veille, on la coupe en la partageant avec la cuve voisine, précédemment vidée. Le jus, au fur et à mesure de son extraction, s'écoule dans ces deux cuves en se partageant en deux filets réguliers. Si la fermentation était en train, elle continue, et, si elle était suspendue, par suite de l'interruption du travail, pendant quelques heures, elle se rétablit promptement et prend ses allures régulières, qui sont entretenues par l'admission du jus et ne cessent que lorsqu'on abandonne une cuve pleine pour la distiller. Ce terme de la fermentation arrive promptement quand on cesse d'y introduire du jus, et il suffit de laisser refroidir la cuve pendant quelques heures pour la soumettre à la distillation.

L'avantage de ce mode d'opérer doit être facilement compris sur ce simple exposé.

Le jus ne peut éprouver aucune altération, puisqu'il entre en fermentation aussitôt qu'il est produit.

L'opération est régularisée par l'admission continue du jus, dont la température peut être variée suivant le besoin.

Le ferment actif, celui qui est en suspension dans la liqueur, est seul mis à profit, et on évite les réactions nuisibles qui pourraient résulter du contact prolongé des levûres usées sur le sucre ou ses dérivés.

Ce mode de fermentation, qui s'applique avec autant de succès à tous les moûts, de quelque nature qu'ils soient, fournit encore à l'agriculture, par son emploi, des avantages qu'il importe de signaler.

Ainsi, il peut arriver, dans mille circonstances, que le cultivateur ait à sa disposition, soit à la suite d'avaries quelconques dans leur qualité, soit à raison de leur trop faible prix sur le marché, des matières féculentes, des grains, des pommes de terre qu'il aurait du profit à convertir en alcool et en nourriture pour son bétail.

Le traitement de ces matières en addition des jus ordinaires de macération est des plus faciles, sans grever le travail ordinaire d'aucun surcroît de dépense, et en y trouvant le double avantage d'augmenter la richesse des vins dans la proportion du mélange et la valeur nutritive des résidus.

Tout concourt donc, dans ce mode de traitement de la betterave, à satisfaire à tous les besoins et aux exigences si variées de l'agriculture.

Outillage simple et d'une conduite facile;

Conversion en argent et sur place, soit en alcool, soit

en viande ou autres produits aussi facilement réalisables, de toutes les récoltes qui ont cette destination;

Utilisation, même comme nourriture, de beaucoup de débris qui restaient sans emploi, et cela par l'action désorganisatrice des conditions actives où se trouvent ces résidus;

Enfin conservation, sur la ferme, de tous les éléments non assimilés qui, sous la forme d'engrais, sont la base de tout progrès agricole.

Toutes ces questions de détail examinées, établissant la praticabilité de ces opérations dans la ferme, avec les ressources ordinaires dont elle dispose, en personnel, capitaux et emplacements, il nous reste à jeter un coup d'œil sur les résultats économiques de cette nouvelle industrie, dans ses rapports avec l'intérêt agricole, et l'ensemble de toutes ses conditions de progrès.

Dans tout ce qui précède, nous pensons avoir établi, de manière à ne laisser aucun doute, que la betterave, ainsi traitée, reste à la consommation des animaux, avec toutes ses qualités, comme nourriture, sauf le sucre. Nous avons vu qu'elle ne perdait de son poids que la fraction représentée par le sucre, plus un peu d'eau accompagnant l'alcool dans la distillation, ou vaporisée dans le travail. Nous avons vu enfin que cette betterave ressortait de la distillerie pour entrer dans la ferme avec un poids d'environ 80 pour 100; et, comme il n'y a nulle élimination de liquide que le produit de la distillation, il est clair que la betterave contient, sauf le sucre, tous ses éléments constitutifs, matière azotée, matières grasses, salines, etc.

Là est une immense question agricole, destinée à jouer un grand rôle, si ce n'est à le résoudre complétement, dans ce grand problème de l'amélioration du sol par lui-même, ce qu'on a vainement attendu des prairies artificielles, ou qui du moins, par ce moyen, ne s'obtient qu'avec beaucoup de lenteur.

Et, en effet, que cherche-t-on, quel but se propose-t-on ?

Trouver une plante dont les organes vitaux aient la plus grande énergie pour puiser 1° dans le grand réservoir de l'atmosphère les principes gazeux qu'elle s'assimile, pour les fixer et les élaborer en des produits utiles, 2° dans le sol les éléments constitutifs, qui, ramenés à la surface par les désorganisations ultérieures, s'y accumulent et accroissent la fécondité de cette couche superficielle dans laquelle seule pénètrent et vivent la plupart des autres plantes cultivées.

Où trouver une plante qui réunisse, à un plus haut degré que la betterave, ces deux qualités?

Son feuillage abondant, ses radicelles pivotantes et profondes, sa racine à proportion si vaste qu'elle semble destinée à recueillir et emmagasiner tous les divers éléments que ses nombreux organes aspirateurs doivent lui fournir, ne sont-ils pas des indices que cette plante est destinée à remplir ce rôle, et n'en trouve-t-on pas une preuve dans toutes les applications, même imparfaites, qui en ont été signalées?

Que n'a-t-on pas dit de l'influence de cette culture sur la prospérité agricole du Nord? ne lui a-t-on pas attribué l'immense accroissement de son bétail, celui des engrais, qui en est la conséquence, et enfin celui de toutes les récoltes; et cependant que revient-il à l'agriculture dans l'emploi que les fabriques font de la betterave?

La culture livre cette racine aux fabriques, qui en extraient les quatre cinquièmes en jus, et lui rendent l'autre cinquième en pulpe.

De ces quatre cinquièmes utilisés dans les fabriques, il ne rentre presque rien dans la ferme, que des écumes de défécations, et tous les sels, réunis dans les mélasses expédiées dans des établissements spéciaux, sont perdus pour elle.

Cependant ces sels sont une partie constitutive du sol, et sont indispensables aux plantes similaires; la quantité extraite et vendue annuellement en est considérable.

Néanmoins, nous l'avons dit, l'agriculture du Nord a prospéré sous ce régime, qui exporte les quatre cinquièmes des éléments tirés du sol et n'en utilise que le cinquième. Que n'est-il donc pas permis d'espérer d'une industrie qui, en mettant à profit toutes les ressources que présente la betterave, rendra à la terre tous les sels qu'elle y a puisés?

Ainsi, extraction de la plante, sous forme d'alcool, des principes organiques non azotés, dont le rôle dans l'alimentation est secondaire,

Utilisation des principes azotés et salins pour la nourriture du bétail,

Et retour à la terre, sous forme d'engrais, de tous les éléments qui n'ont pas été assimilés.

Nous venons de poser tous les éléments de progrès agricole que renferme et assure l'application de cette nouvelle industrie dans la ferme; nous allons, en terminant, jeter un coup d'œil sur les divers modes d'exploitation qu'elle comporte, et sur son introduction dans les petites aussi bien que dans les grandes exploitations.

Deux conditions dominent dans l'état de l'agriculture française, la division de la propriété et l'insuffisance des capitaux. Une amélioration qui ne s'adresserait qu'à la grande agriculture et aux gros capitaux ne pourrait donc produire tout le bien qu'on doit désirer, ni satisfaire à toutes les exigences de la position actuelle.

Telle n'est pas, heureusement, l'application de mon procédé de distillation : il peut se prêter à tous les besoins, à toutes les situations; il convient à tous les agriculteurs, quelle que soit l'importance de leur exploitation. Elle a aussi l'avantage de satisfaire à une grave question d'économie politique qui préoccupe depuis longtemps les économistes et le gouvernement : appeler dans les campagnes les intelligences inoccupées dans les villes, et faire servir ce déplacement au bien-être de tous.

Après avoir établi la praticabilité de cette opération dans la ferme, ses conditions d'existence et de succès, nous avons vu que cette industrie, bien que simple et facile, exigeait un certain capital, l'emploi d'un certain nombre d'ouvriers, enfin et surtout l'emploi des résidus, qui sont la partie importante et principale de l'opération.

Le petit cultivateur, qui ne cultive que quelques hectares et n'entretient que quelques têtes de bétail, ne pourrait donc penser à créer, pour lui seul, un semblable établissement, et cependant il y est, en quelque sorte, plus intéressé que le gros cultivateur, qui peut aisément se procurer tout le bétail dont il a besoin, et acheter des engrais dans les villes voisines ou dans le commerce. Voici comment le petit cultivateur peut aussi tirer un très-grand avantage de la distillation : une distillerie est établie à frais communs, au milieu d'un pays de petite culture, à l'instar des fruiteries existantes dans nos départements de l'est pour la fabrication des fromages de Gruyères ; chacun y porte, soit tous les jours, soit un jour donné, la quantité de betteraves nécessaires à la nourriture de son bétail, rapporte ses résidus, et reçoit sa part proportionnelle dans le produit de la distillation, soit en argent, soit en nature.

Une autre combinaison, qui a un grand avenir parce qu'elle est parfaitement rationnelle et qu'elle satisfait à des conditions dont beaucoup de gens ne veulent pas sortir, a déjà reçu autour de nous plusieurs applications.

C'est celle de l'alliance de l'industrie à l'agriculture, sans mélange ni confusion des intérêts.

Un industriel monte à ses frais une fabrique, à la portée d'un ou de plusieurs cultivateurs, et prend à sa charge les soins et toutes les dépenses de la fabrication.

Les cultivateurs fournissent la betterave et reprennent les résidus.

Le produit en alcool appartient moitié à l'industriel, moitié au fournisseur de la betterave.

S'il n'y en a qu'un, le partage est facile à faire ; s'il y en a plusieurs, les betteraves sont pesées à l'entrée dans l'établissement, et chacun des cultivateurs reçoit, dans la proportion des betteraves fournies, et aussi souvent que les parties le jugent convenable, sa part dans la moitié du produit, soit en argent, soit en nature.

De cette manière, le cultivateur reste cultivateur; il est affranchi de toutes dépenses, de tous soins industriels étrangers à ses habitudes. Le produit exportable est réalisé au profit commun; le produit agricole reste à l'agriculture.

L'industriel trouve un emploi utile de ses capitaux et de son travail, et cette alliance ouvre à tous une nouvelle voie de prospérité et de bien-être.

Ainsi se trouve confirmée la prévision de tous les savants agronomes qui se sont occupés de la distillation annexée à l'agriculture, de la supériorité de l'application agricole sur la grande industrie en raison du bas prix des matières premières et de l'utilisation sur place des résidus, et de la préférence qui serait donnée à la betterave sur les grains et les pommes de terre.

Ainsi, également, se trouve réalisé le vœu si longtemps formulé par toutes les sociétés qui s'occupent des intérêts de l'agriculture :

Introduire dans la ferme une industrie dont les produits aient le plus grand emploi et qui satisfasse en même temps à ces autres conditions :

Travail simple et à la portée des ouvriers des campagnes ;

Occupation d'hiver et pendant le chômage de tous les autres travaux;

Et aussi, satisfaction à cette loi d'économie agricole :

N'exporter que les produits dont les éléments sont fournis par l'atmosphère, et rendre à la terre tous ceux qu'elle a prêtés.

H. CHAMPONNOIS.

Paris, le 25 septembre 1854.

PARIS. — IMPRIMERIE DE Mme Ve BOUCHARD-HUZARD, RUE DE L'ÉPERON, 5.

www.ingramcontent.com/pod-product-compliance
Ingram Content Group UK Ltd.
Pitfield, Milton Keynes, MK11 3LW, UK
UKHW031933260826
14628UKWH00004B/1591